l'occhio e la lente

Collana a cura di
Daniele Gouthier

Collana a cura di
Daniele Gouthier

Alessandra Drioli
Donato Ramani

Vietato non toccare

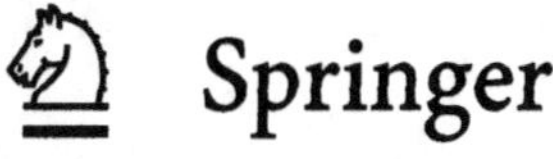 Springer

ALESSANDRA DRIOLI
Fondazione Idis-Città della Scienza, Napoli
DONATO RAMANI
Scuola Internazionale Superiore di Studi Avanzati, SISSA, Trieste

ISBN 978-88-470-0829-9
ISBN 978-88-470-0830-4 (eBook)

Springer-Verlag fa parte di Springer Science+Business Media
springer.com
© Springer-Verlag Italia, Milano 2009

Art director: Massimiliano Caleffi
Progetto grafico originale della copertina: Simona Colombo, Milano
Restyling grafico e impaginazione: Marco Lorenti
Immagine di copertina: *Il ratto di Proserpina* (1621-22) marmo bianco cm 255, Gian Lorenzo Bernini, Galleria Borghese, Roma
Stampa: Grafiche Porpora, Segrate, Milano

Stampato in Italia
Springer-Verlag Italia S.r.l., via Decembrio 28, I-20137 Milano

Gli autori vogliono ringraziare

Emma Abadi, Luigi Amodio, Emilio Balzano, Giovanni Berisio,
Mario Canali, Marino Golinelli, Piero Fogliati, Pietro Greco,
Michele Lanzinger, Lisa Maddigan, Franziska Marx, Jörg Naumann,
Emanuela Pitterà, Peter Richards, Paola Rodari, Rob Semper,
Gaia Salvatori, Colleen Schmitz, Mimmo Scognamiglio,
Luigina Tozzato, Jorge Wagensberg per l'aiuto offerto.
Amito Haarhuis e Anne-Marie Gielis del *Nemo Science Centre*,
il *Renzo Piano Building Workshop s.r.l.* e lo studio *OMA* per l'uso
delle immagini.
E Hannah Redler, Antony Gormley, Vittorio Silvestrini, Claudia Lauro
e Edward Morris per le interviste che hanno rilasciato.

Prefazione

L'*Exploratorium* che il fisico Frank Oppenheimer ha fondato nel 1969 a San Francisco è considerato il primo *science centre* del mondo. Ovvero il primo museo a catturare il nuovo rapporto sempre più interpenetrato che si è venuto instaurando, dopo la seconda guerra mondiale, tra scienza e società. A San Francisco la dimensione artistica è presente, da protagonista, fin dal primo momento. Anzi, l'*Exploratorium* nasce in una struttura dedicata all'arte, il *Palace of Fine Arts*, come evoluzione naturale di un progetto artistico pensato e realizzato dallo stesso Oppenheimer.

Quell'aggettivo, naturale, non è stato scelto a caso. Perché l'idea del fisico americano è quella di costruire un "museo vivo della scienza", ovvero una struttura che si proponga come plastica dimostrazione di un rapporto tra scienza e società non più algido e distaccato, ma partecipe e intrecciato. Un luogo dove anche una persona non esperta possa toccare con mano le "cose" della scienza. Per formarsi. Ma anche per emozionarsi. E l'arte è – naturalmente – uno degli strumenti più adatti sia per *toccare con mano* gli oggetti e i concetti della scienza, sia per provare (e trasferire) emozioni. In altri termini, l'arte è uno dei mezzi più adatti per migliorare l'efficacia della comunicazione tra due mondi che parlano lingue molto diverse e si annusano con reciproca diffidenza.

La nascita dell'*Exploratorium* in California dimostra che anche i musei evolvono, nella forma e nelle funzioni. E negli ultimi quarant'anni i *science centre* hanno continuato a cambiare, nelle funzioni prima ancora che nella forma. E se Oppenheimer assegnava al suo *Exploratorium* il compito di stabilire un'alleanza tra scienza e società, dopo la tragedia di Hiroshima, oggi si va affermando l'idea del *museo totale*, che sia *hands, mind and heart on* (dove si possano usare le mani, la mente e il cuore) e non solo abbia la forma labirintica di un bosco – con mille percorsi dove ciascuno può scegliere (può costruire) il suo – ma abbia anche mille funzioni o, come si dice oggi, mille missioni.

La principale, a ben vedere, è dare il proprio importante contributo alla costruzione della "cittadinanza scientifica" in tutte le sue dimensioni: culturale, sociale, politica ed economica. Il museo è luogo di trasmissione, esplicita e implicita, della conoscenza scientifica; di accesso democratico alla conoscenza; di dialogo tra esperti e non esperti e di dibattito tra *shareholders* – coloro che scelgono – e *stakeholders* – coloro che hanno una posta in gioco. Ma è anche luogo dove la conoscenza viene utilizzata come fattore socialmente ed ecologicamente sostenibile di sviluppo.

Ebbene, come dimostrano Alessandra Drioli e Donato Ramani in questo libro, l'arte continua a essere parte integrante del "museo totale della scienza". Per molte ragioni.

Alcune del tutto generali.

Perché arte e scienza hanno un'origine comune: entrambe nascono (ricordate i graffiti di Altamira) come manifestazione della capacità acquisita da *Homo sapiens* di formulare un pensiero astratto e con esso costruire una rappresentazione sintetica del mondo. D'altra parte, come sosteneva il matematico francese Jacques Hadamard all'inizio del XX secolo, all'origine dei loro (diversi) atti creativi, scienziati (tutti gli scienziati) e artisti hanno tuttora il medesimo fattore comune: l'intuizione.

Perché la scienza è una potente fonte di ispirazione per l'arte. Per esempio: non è forse vero, come rilevano osservatori autorevoli – da Leopardi e Calvino – che la scienza è il filo rosso che lega la grande letteratura italiana – da Dante a Galileo, fino agli stessi Leopardi e Calvino – e ne costituisce la *vocazione profonda*?

Perché, in maniera simmetrica, l'arte è fonte di ispirazione per la scienza. Per esempio: non è forse vero che è la ricerca musicale di papà Vincenzio a costituire l'*imprinting* epistemologico del giovane Galileo? O, in tempi più recenti, il cosmologo Andrei Linde non assicura forse di essersi ispirato a un pittore, Kandinski, per immaginare il suo "universo caotico"? E il biologo evoluzionista Stephen Jay Gould non assicura di essersi ispirato ai "pennacchi" della basilica di San Marco a Venezia per elaborare la sua teoria sugli ex-attamenti e sul ruolo della contingenza nell'evoluzione biologica?

Altre ragioni che sottendono al rapporto tra arte e musei scientifici sono più specifiche: riguardano la comunicazione della scienza e la costruzione dell'immaginario scientifico

I rapporti tra arte e scienza nell'ambito della comunicazione si dipanano lungo almeno due fili robusti: quello della retorica, con un mutuo scambio di registri comunicativi, e quello dei concetti, con il reciproco travaso di temi, metafore, analogie. L'osmosi – l'*oscuro pellegrinaggio*, come lo definiva Eugenio Montale – di idee e di strumenti epistemologici che passano, incessantemente, dall'una all'altra ordiscono la matrice culturale in cui ciascuno di noi si muove. Lo storico della fisica e del pensiero scientifico Gerald Holton ha chiamato *themata* gli oggetti principali, i comuni concetti fondanti, di questo oscuro pellegrinaggio. E ha sostenuto, probabilmente a ragione, che lo scambio di questi grandi temi tra scienza e arte contribuisce a quei complessi e radicali riorientamenti metaforici che nella scienza, come nell'arte – e più in generale, nella cultura – costituiscono un *cambio di paradigma*.

Insomma, l'arte contribuisce in modo potente a rimodellare continuamente il nostro immaginario scientifico. E, naturalmente, la scienza contribuisce a rimodellare con altrettanta incessante continuità il nostro immaginario artistico. E, dunque, in un museo (potremmo dire in qualsiasi museo, scientifico o artistico), soprattutto se di nuova generazione, il loro rapporto è semplicemente necessario.

Tuttavia c'è un'ultima ragione ancora più specifica che richiede la presenza decisiva della dimensione artistica in un moderno museo della scienza. L'arte è, infatti, uno strumento davvero efficace non solo per metabolizzare concetti e creare consapevolezza intorno ai fatti della scienza e alle loro ricadute sulla società, ma anche per suscitare domande, per trasmettere bisogni, per stabilire un dialogo.

L'arte è uno dei canali più efficienti che un museo della scienza di ultima generazione (*hands, mind and heart on*) ha a disposizione per assolvere alla sua "missione totale" e proporsi come luogo di costruzione di una matura e partecipata "cittadinanza scientifica".

Pietro Greco
Ischia, luglio 2008

Indice

Prologo

Una volta tanto ragioniamo per stereotipi. Prendete lo Scienziato: il camice bianco, una provetta fumante in mano, occhialini calati sul naso, i capelli grigi in testa e una sacco di formule sulla lavagna alla parete. Lo scienziato fa scienza, e fin qui nulla di sorprendente. Addentrarci un po' più compiutamente nel suo lavoro, capire che cosa fa, di che cosa è fatto il suo mondo, quali sono le sue leggi, i suoi risultati e le possibili applicazioni è un'altra faccenda. Immaginiamo ora l'Artista: ce lo possiamo figurare con il pennello e la tavolozza, le mani sporche di creta con cui ha modellato la sua ultima scultura, l'aria svagata, scarmigliato per l'impeto creativo. L'artista fa arte. E anche su questo c'è poco da obiettare. E quindi di per sé, tutto questo insieme, è poco interessante. Arte e scienza, si sa, sono due mondi che poco o nulla hanno a che fare l'uno con l'altro. Protagonisti diversi, culture diverse. Forse, persino, pubblici diversi. A invitarli a cena insieme c'è da immaginarsi che l'amico Scienziato e l'amico Artista si ignoreranno con eleganza. Nella migliore delle ipotesi, vien da dire, potranno sedersi al tavolo e chiacchierare amabilmente, trattandosi però con rassegnata condiscendenza. Troppo diversi davvero, quei due, mossi da curiosità così distanti che a cercare di trovare un campo comune di interessi c'è di che mettere in serio pericolo la riuscita della serata. Per fortuna del coraggioso ospite che li ha riuniti al proprio desco, però, le cose sono decisamente più interessanti e sfaccettate di così. Anche perché c'è un terzo misterioso protagonista seduto al tavolo con loro, un personaggio silenzioso, che guarda con interesse a entrambi.

È l'artista a cominciare. Curioso com'è, ficca il naso nelle faccende della scienza, potremmo dire nel piatto del suo commensale. A volte con delicatezza, in silenzio, altre con passione, con impeto, persino con provocatoria insolenza. Per vedere di che cos'è fatto il mondo della scienza, per reinventarlo, per farsi interprete delle curiosità, delle aspettative, ma anche dei rischi, delle paure, delle inquietudini che la scienza e le sue applicazioni portano con sé. Biotecnologie, robotica, neuroscienze, ecologia: nulla sfugge al suo occhio che, libero da convenzioni e regole, si confronta con una realtà in continua evoluzione, vivace, dinamica, sorprendente e, a tratti, spaventosa. Coniglietti fluorescenti, ecosistemi artificiali, punte di microscopio trasformate in panorami surrealisti. Fotografia, scultura, pittura. E partecipazione. Del resto lo diceva anche Frank Oppenheimer, fondatore dell'*Exploratorium* di San Francisco:

> L'arte non serve soltanto a rendere tutto più bello, anche se spesso è così. Gli artisti guardano alle cose del mondo con un occhio diverso rispetto ai fisici o ai geologi. Scienza e arte servono per comprendere la natura coinvolgendo le persone. E, mescolandosi, entrano a far parte del processo pedagogico. ▶

Ecco allora che anche lo scienziato, a questo punto, può alzare lo sguardo dalla sua succulenta pietanza. E osservare, di sghimbescio, il suo impudente vicino. Lo scienziato sa che, oggi, il suo ruolo è cambiato. Fuori dal laboratorio si fa un gran discutere del suo lavoro, che non riguarda più, soltanto, lui e una schiera di dottissimi accademici, suoi colleghi. L'opinione pubblica, la politica, la religione, la stampa entrano a volte con riguardo, a volte a gamba tesa, nei suoi stessi esperimenti. Si fa un gran parlare, in questi anni, della centralità del ruolo della ricerca scientifica e delle sue applicazioni, delle potenzialità e dei suoi rischi che coinvolgono il bene individuale e quello collettivo. E della necessità di diffondere la cultura scientifica e tecnologica per coinvolgere attivamente il *pubblico*, inteso nell'accezione più ampia del termine, nelle cose della scienza. Con quali strade, e in quali forme, è materia di discussione e di sperimentazione (Amodio 2003). Le iniziative in

---

▶ Questo simbolo indica il riferimento a una pagina web. I riferimenti a *Science Centre*, artisti, opere d'arte e letture di approfondimento sono raccolti in un documento PDF liberamente scaricabile da
http://www.springer.com/978-88-470-0829-8

questo campo non mancano di certo: festival, celebrazioni, concorsi, conferenze, manifestazione di ogni sorta, nei luoghi tradizionalmente deputati e in quelli più bizzarri, che, da qualche tempo a questa parte, possono contare su un protagonista in più: l'arte, per l'appunto.

Cercare una linea di condotta, dei filoni di ricerca in questo campo, dei capisaldi nelle teorie e nelle pratiche è operazione tanto complessa quanto interessante. Con una necessaria premessa: l'arte è per definizione passionale, curiosa, iconoclasta, entusiasta e anarchica. Gli stessi aggettivi potrebbero essere utilizzati per descrivere il suo ingresso, a braccetto con la scienza, nel mondo della divulgazione, della diffusione della cultura scientifica, del dialogo e dell'incontro tra la scienza e il resto della società. Impacciati, poco avvezzi alle regole del bel mondo, ma decisamente entusiasti, lo Scienziato e l'Artista debuttano in società, uno a fianco all'altro. Maldestri? Un po', forse. In prova l'uno con l'altro? In fase di vicendevole rodaggio, potremmo dire. Confusionari? Sì, certamente. Ma grandi sperimentatori. Procedono per tentativi, in modo disordinato, poco omogeneo, poveri di una tradizione consolidata che possa offrire loro un adeguato retroterra di cultura ed esperienze. Ma sono certamente vitalissimi.

Quale il possibile punto di incontro tra questi protagonisti? Quale il luogo in cui arte, scienza, pubblico, con le loro rispettive istanze, aspirazioni, culture, possono riunirsi? Ognuno ha percorso strade diverse. Ognuno ha una storia diversa. O, meglio, un proprio background, tanto per usare una parola di moda. Dove possono incontrarsi? È presto detto. La scienza, secondo Galileo, è fatta di *sensata esperienza* e *necessaria dimostrazione*. Far sperimentare è anche l'obiettivo di quel bizzarro luogo, non un museo scientifico, non un parco dei divertimenti, non una mostra, tutto questo e nulla di tutto questo insieme, in cui giocare, toccare, coinvolgersi, emozionarsi, sorprendersi, che è il science centre. In cui, come già profetizzato da Oppenheimer, anche l'arte vuole la sua parte. Nelle esposizioni permanenti e in quelle temporanee. Nella progettazione o nel rinnovamento, nella promozione di iniziative che favoriscano il sospirato dialogo tra mondo della scienza e società civile, nell'individuazione e nella riflessione su nuove attività partecipative, nel coinvolgimento del pubblico e nella didattica informale. La parola d'ordine, il minimo comune denominatore, potrebbe essere *esperienza*. O, ancora, *partecipazione*, *interazione*, *coinvolgimento*. Trasformando lo spettatore in un inconsapevole equilibrista, che cammina su una linea immaginaria, quella che separa due mondi apparentemente così distanti, che nel suo viaggio sul filo si confondono e si compenetrano, convivendo e perdendo talvolta la loro identità.

È in questa fervente attività che andremo a mettere il naso da qui in avanti, consci dell'impossibilità di costruire un'antologia completa o una descrizione del tutto esaustiva di un fenomeno dominato da una vitalissima entropia. Ma altrettanto convinti che partendo dalla storia dei science centre da un lato e della ricerca artistica contemporanea dall'altro, per arrivare alle esperienze di ieri e di oggi, dentro e fuori l'Europa, individuando caratteristiche, peculiarità, differenze, potremo provare a descrivere una realtà in continua espansione. Su cui è crescente l'interesse di chi si occupa di museologia scientifica, di comunicazione della scienza – giornalisti, scrittori, divulgatori in generale – e di diffusione dei saperi. Ma anche di coloro che la scienza la fanno, gli scienziati insomma, per esplorare un approccio originale e per molti ancora inedito, quello dell'artista, al loro stesso mondo. O degli stessi artisti e degli appassionati, che potranno trovare una descrizione delle esperienze passate, dei filoni di interesse in un campo – quello della scienza e della tecnologia – ricco di spunti per chi vuole farsi interprete dei bisogni, delle speranze e delle paure della società contemporanea. Non vorremmo però dimenticare il *pubblico*, senza distinzione di sesso, età, stato civile e titolo di studio: sarebbe una colpevole mancanza, infatti, lasciare da parte uno dei protagonisti di questo fenomeno, il destinatario ultimo e, allo stesso tempo, attore primo di questo processo di integrazione, terzo invitato al nostro tavolo. Grazie a una ricca serie di esempi – con la descrizione di opere d'arte e performance spesso sorprendenti e bizzarre – vogliamo fornire un testo coinvolgente e, vorremmo dire, stuzzicante, per far sedere il terzo ospite (l'ospite d'onore?) al desco imbandito, offrendogli un piatto esclusivo, preparato appositamente per lui.

L'importante è partecipare

Cominciamo, dunque: per noi, e per voi, inizia ufficialmente l'avventura. Qui il nostro libro emette i primi vagiti. Che, facendo un balzo indietro nel tempo, si sovrappongono a quelli di uno dei protagonisti del nostro viaggio. Il primo che ci capita di incontrare.

Oggi, parafrasando una nota battuta di Nanni Moretti, questo protagonista è uno splendido quarantenne. Davvero. Uno che, da quando è nato, non ha fatto altro che mantenersi giovane e aggiornato. Un tipo molto *friendly*, per cui essere *à la page* è un dovere. E stare in contatto con il pubblico una missione. Uno, potremmo dire, dal look decisamente, e volutamente, informale. E non potrebbe essere diversamente: in fondo nasce nel 1969, a San Francisco, città libera e liberale per eccellenza, in un periodo in cui le tradizioni, le consuetudini e l'educazione vengono stravolte. In pacifica attesa dell'era dell'Acquario.

I nostri amici Paola Rodari e Matteo Merzagora, due che di queste cose se ne intendono e che, per questo, ci faranno compagnia lungo tutto il capitolo, nel loro libro *La scienza in mostra - Musei, science centre e comunicazione* così suggellano questa nascita: "alla fine degli anni Sessanta vede la luce una creatura nuova" (Rodari 2007). Una vera epifania, insomma. Come tutti noi, anche la nuova creatura ha un nome: science centre. C'è anche un papà riconosciuto, un tale di nome Frank Oppenheimer, uno che era passato da quel progetto Manhattan che porterà all'atomica (il direttore del progetto era il fratello Robert) all'allevamento di bestiame, causa poco apprezzate simpatie comuniste in un periodo in cui la paura rossa, negli Usa, faceva novanta. Alla fine degli anni Quaranta, il maccartismo gli fece perdere la cattedra di fisica all'Università del Minnesota e guadagnare, addirittura, il confino in Colorado, a Pagosa Spring.

Rocambolesca e travagliata, la storia dell'*Exploratorium* e del suo fondatore ha il profumo del mito. Va detto che, a macchia di leopardo, diversi fratelli e sorelle nascevano in quegli anni in giro per il mondo. Ma alla fine, tutte le storie portano in California, all'*Exploratorium*, fondato alla fine degli *swinging Sixties* da un Oppenheimer finalmente strappato al bestiame e restituito alla scienza.

La vicenda della nascita dell'*Exploratorium*, come dicono Paola e Matteo, "viene raccontata e riraccontata attorno ai *focolari* dei musei della scienza, nei corsi di museologia, nei caffè scientifici". L'*Exploratorium* nasce al *San Francisco Palace of Fine Arts* appena restaurato, dopo che Oppenheimer, ormai fisico famoso e celebrato, ha maturato l'idea di un luogo nuovo che potesse presentare sotto una luce diversa una scienza che agli occhi del mondo aveva già perduto la sua innocenza. Una scienza che nei decenni addietro aveva prodotto la bomba atomica, in un progetto a cui lui stesso aveva lavorato. Che diventava giorno dopo giorno terreno di conflitto tra superpotenze. Che produceva farmaci potenzialmente pericolosi. E che si dimostrava, dunque, madre e matrigna insieme.

L'inizio della nuova creatura fu sottotono, defilato. Povero, vorremmo definirlo, tanto per aumentarne il lirismo e il *côté* romantico. In questo caso, in verità, la scarsezza di mezzi era programmatica. La nuova creatura per prender avvio raccoglieva un po' di cose qua e un po' di cose là, nulla di particolarmente strutturato. L'idea, infatti, era quella di creare una sorta di collezione di idee, anziché di oggetti. Secondo uno schema che

> sortiva dalla confluenza fra il movimento per un'educazione centrata su chi apprende e quello, nella ricerca scientifica, focalizzato sulla scoperta. (Rodari 2007)

Da questa confluenza nasceva il science centre, che, allora come oggi, non era depositario di collezioni o raccolte, ma aveva l'obiettivo di stimolare le capacità di osservazione e di ragionamento del pubblico, facendo fare esperienza dei fenomeni naturali attraverso apparati appositamente inventati.

Il pubblico doveva essere l'eletto, il protagonista. Come? Grazie ai raffinatissimi *exhibit hands-on*, per esempio. Esperienze come queste, va detto, non nascevano dal nulla. Un esempio? Il famoso *Push the button* del *Deutsches Museum* di Monaco, dove già nella prima metà del Novecento file di studenti obbligati per legge a far visita al museo erano invitati a premere un bottone per osservare un fenomeno: come si vede nell'interessante documentario *Museum of New Age. A Study in World Progress* girato intorno agli anni Venti del Novecento in alcuni dei principali musei scientifici europei, prodotto sotto la supervisione di Charles Guynne e diretto da Arthur Edwin Krows. Era, questa, una prima forma di interazione intesa come *reattività*, ovvero come risposta di un congegno elettronico o meccanico a un input umano, poi evolutasi, così come nella ricerca artistica, in forme più complesse, come l'interattività fra due o più individui, mediata, stimolata o innescata dal congegno (Heat 2005). Un esperimento che Oppenheimer ebbe modo di apprezzare durante un suo viaggio in Europa e che, ai suoi occhi, certamente non passò inosservato e influenzò poi lo sviluppo degli oggetti che avrebbero riempito il suo *Exploratorium*, gli *exhibit*, per l'appunto. È Paola a spiegarci in breve che cosa sono:

> La parola *exhibit* in inglese, così, da sola, significa postazione, unità minima dell'esposizione o, addirittura, mostra. Si può dire *an exhibit regarding cosmology* intendendo una mostra sulla cosmologia. *An exhibit* è anche una bacheca con il cappello di Napoleone. *Hands-on exhibit*, invece, significa postazione interattiva, un'unità della mostra dove si presenta un contenuto, richiedendo al visitatore una partecipazione attiva, manipolatoria. E, in questo senso, è stato usato per la prima volta dall'*Exploratorium* e dai suoi successori.

Exhibit raffinatissimi, abbiamo detto, e, spesso, assai costosi nella messa a punto. Provate a pensare un oggetto nuovo in grado di interessare il visitatore, di coinvolgerlo, di fargli sorgere delle domande, di farlo giocare, di divertirlo e incuriosirlo. Immaginate oggetti seducenti, spesso anche nelle forme e nell'estetica, tanto da invogliare un bambino in scatenata fuga fisica e intellettuale dagli adulti, a fermarsi, a muovere le cose, a premere i bottoni e a vedere quel che accade. E di riuscire a far lo stesso con le mamme e i papà, che gironzolano affannati inseguendo marmocchi pieni di domande a cui si sforzano di dare una risposta. Pensate a postazioni allocate qua e là, in grado di coinvolgere azzimati signori per cui, malgrado anni di studi liceali, la matematica continua a fermarsi subito dopo l'addizione, che leggono dell'effetto serra sui giornali ma continuano a non capire bene cosa abbia a che fare la loro vecchia automobile con gli tsunami. Salvo ricordare qualcosa dell'effetto farfalla, sapete, quella del battito d'ali di un insetto che scatena una tempesta agli antipodi. Ma, anche quello, chi diavolo l'ha mai capito, poi. Oggetti che coinvolgano la signora di mezz'età in visita con le amiche, la stessa che ha sempre guardato allo sbuffo di vapore del suo ferro da stiro con stupefatta incompetenza, che *disinfetta* la casa (ma cosa vorrà mai dire, disinfettare?), che ingurgita misteriosi esseri annegati nello yogurt, i cui nomi finiscono sempre per –s, assai attivi contro certi imbarazzi. Manufatti che sappiano catturare l'attenzione dei ragazzi delle scuole che ciondolano dietro all'insegnante, più interessati ad approcciarsi l'un l'altro che alle cose della scienza. Pur essendo gran smanettoni del PC, e sempre carichi di ogni sorta di gadget elettronico.

Pensate di costruire oggetti nuovi di zecca con queste caratteristiche e vi renderete subito conto che è impresa tutt'altro che semplice.

Oggetti non identificati contro torri d'avorio

Insomma, come potete ben capire, costruire un exhibit che funzioni non è un gioco da ragazzi. E non per *colpa* del pubblico. La nostra sfilza di esempi, beninteso, non voleva essere un giudizio su di esso: descrivendolo abbiamo volutamente esagerato. Ma se è vero che noi tutti siamo continuamente in contatto con le cose della scienza e della tecnologia è altrettanto vero che spesso ne sappiamo pochissimo. Usiamo le cose, ma non ci interroghiamo sulle stesse. Noi per primi: stiamo scrivendo questo testo grazie a un computer, ticchettando allegramente sui tasti. Le parole ci scorrono davanti, si creano magicamente davanti ai nostri occhi.

Nonostante passiamo la nostra vita a pigiare questi bottoni, come questo possa accadere, lo ammettiamo, ci è del tutto ignoto. Come ci sono del tutto sconosciute moltissime altre cose. Tutti noi usiamo l'acqua che esce potente dai rubinetti, quardiamo la TV, prendiamo ogni sorta di mezzo di trasporto, ci curiamo con i farmaci, utilizziamo il bancomat, dormiamo e stiamo svegli, coltiviamo le piante in terrazza, mettiamo a bollire l'acqua per la pasta, ci nutriamo. Sarebbe inutile continuare perché l'elenco, riguardando ogni singolo aspetto della nostra vita, ci sembrerebbe evidentemente infinito. Eppure molto spesso non sappiamo nulla di ciò che ci circonda, del perché delle cose. Questo è il fulcro dell'approccio dell'*Exploratorium*: far riscoprire il piacere della domanda, della curiosità. E capire perché succede ciò che osserviamo accadere, o che facciamo accadere agendo sull'exhibit, davanti ai nostri occhi. Che poi è quello che anche lo scienziato fa nel suo mestiere. Come ci ricorda Richard Gregory, neuropsicologo dell'Università di Bristol e celebrato autore di pubblicazioni sulla percezione:

> questo è il punto essenziale dell'approccio hands-on interattivo di presentare la scienza adottato all'*Exploratorium*: continuare l'esplorazione del mondo e di sé stessi anche da adulti, così che l'avventura della scoperta non cessi mai. (Gregory 1986)

Fra le cose presentate non tutte attireranno l'attenzione di tutti. A ciascuno il suo exhibit, potremmo dire. Scelto secondo le proprie inclinazioni, le proprie curiosità, la propria emotività, il proprio gusto estetico, secondo tutto questo e nulla di questo, perché ciò che spinge il visitatore a fermarsi segue dinamiche ben difficili da identificare e descrivere. Quindi seducente sì, ma semplice e diretto, abbastanza da non intimorire, da non far sentire sciocco chi lo utilizza. O inadeguato. O impreparato. Lo stesso Gregory propone sette principi per la progettazione di un elemento espositivo in un moderno science centre, che la dicono lunga sull'approccio da avere verso i visitatori.

Principio primo: un buon *exhibit* deve essere *hands-on*, ovvero deve costringere lo spettatore, letteralmente, a mettergli le mani addosso, per stimolare la sua attenzione e il suo coinvolgimento.

Principio secondo: gli *exhibit* devono creare un'atmosfera di buon umore, di tolleranza e di sfida intellettuale. Non devono essere né troppo facili né troppo difficili, ma certamente devono essere divertenti.

E, principio terzo, devono essere sorprendenti, perché è dalla sorpresa che nascono le domande e il successivo *minds-on*, l'investimento cognitivo.

Principio quarto: devono rendere visibile anche ciò che è astratto o nascosto. Devono insomma rendere osservabile ciò che di base non lo è. Solo dopo che l'individuo ha fatto "esperienza" si potrà arrivare a una formalizzazione e a un lessico appropriato.

Devono essere letti a livelli diversi: è evidente che lo sguardo che potrà avere un bambino di otto anni non è quello di un adulto. Così come è diverso quello di un esperto o di un non esperto. E pazienza se non tutto è comprensibile. La scienza è fatta anche e soprattutto di fenomeni di cui non si riesce a capire l'origine. Accadono davanti agli occhi degli scienziati, così come le cose accadono davanti a quelli del visitatore, senza che se ne sappia il perché. Questo, ovviamente, fa sorgere domande, che, in parte, rimarranno aperte. Un fatto che non diminuisce il loro valore: anche questa è una sfida intellettuale. Era, questo, il quinto principio.

Principio sesto: devono rendere palesi i legami tra scienza e tecnologia, presenti anche nella nostra vita quotidiana.

Principio settimo: devono catturare l'immaginazione del visitatore. Insomma, la persona in visita deve in qualche modo emozionarsi, rimanere coinvolta con i propri sensi e le proprie suggestioni.

Più si sarà divertito, più l'oggetto avrà saputo attirare la sua curiosità, il suo interesse, tanto più il visitatore sarà toccato intimamente dall'esperienza, tanto più in profondità si istilleranno domande nuove e, perché no, risposte nuove.

Da qui in poi vedremo molte barriere cadere. La prima che si vuole far crollare con questi misteriosi aggeggi, con questo approccio che abbiamo già definito informale, ma che, a uno sguardo superficiale, può risultare scombinato, destrutturato, disordinato, è quella che separa la scienza da chi la scienza non la fa. E non la studia. E, persino, non ne è per nulla interessato. Per questo la scienza deve scendere dal suo piedistallo o, come qualcuno la chiama, dalla sua torre di avorio, abbandonando spocchia, sussiego e ogni elitarismo. Oggetti non identificati usati come festosi arieti, contro le fortezze del sapere. Per una scienza demistificata, e resa democratica. Che si mette in gioco: giocando. Che si avvicina al pubblico, senza vanità, mettendogli in mano degli strumenti con cui approcciarsi al suo mondo. Tenete ben presente questi concetti perché, come vedremo a partire dal prossimo capitolo, semplicemente sostituendo la parola *scienza* con la parola *arte*, queste stesse idee saranno centrali anche nel percorso artistico del Novecento, dalle avanguardie di inizio secolo in poi.

Lo scienziato nel suo laboratorio preme bottoni, gira manopole, aziona strumenti, miscela cose, curiosa, osserva, sperimenta? Chi ha detto che il pubblico, la persona comune non possa fare lo stesso? Nei science centre guai a far sentire il visitatore uno stupido, a fargli percepire la scienza come *difficile*. Guai a farlo stare sulle spine, guardingo, schiacciato dall'importanza e dal rispetto delle cose che lo circondano. Scheletri di dinosauri, delicatissime collezioni di insetti, preziosissimi reperti. Passeggiare per i tradizionali musei della scienza, quelli costruiti nell'Ottocento, poteva essere un'esperienza quasi metafisica, la sacralità delle cose che vi erano riposte permeava ogni singolo momento della visita. Un museo-tempio, insomma, in cui la scienza trascendeva a una dimensione quasi spirituale. Dentro a quei musei, allora come oggi, veniva e viene naturale parlare sottovoce, bisbigliare poche parole al nostro vicino, nell'orecchio. Per non disturbare. Anche questi musei lavoravano, in qualche modo, sulla percezione. E in qualche modo comunicavano e comunicano scienza al visitatore. Bene o male, nel modo giusto o nel modo sbagliato è impossibile giudicare, soprattutto fuori dal contesto culturale e temporale in cui sono stati creati. Certo è che, nei musei della scienza moderni, le cose spesso sono molto diverse. Se l'intento di conservazione delle collezioni storiche e naturalistiche è, a sua volta, e ci scuserete il gioco di parole, preservato, l'approccio risulta in ogni caso più semplice, meno paludato, meno solenne. Per non parlare dei science centre, dove tutto è movimento, colore, energia.

La percezione che ne ha il visitatore, in sostanza, è del tutto diversa da quella che si può avere passeggiando per lo splendido *Natural History Museum* di Londra, o per i grandi musei del Settecento o dell'Ottocento, dove, ci dicono Paola e Matteo,

> grazie alla solennità dell'architettura, alla disposizione delle cose, la scienza è, quasi, oggetto di venerazione come l'arte, come la religione [...] in quanto uno dei massimi raggiungimenti dello spirito umano. (Rodari 2007)

Del resto proprio da lì, dal tema della percezione, aveva cominciato il suo cammino anche l'*Exploratorium*. Una percezione basata sui cinque sensi: non a caso lo slogan che spesso viene spesso utilizzato in questi musei è allegro e quasi monellesco: *vietato NON toccare*. Per tutti noi che siamo cresciuti con il cartello *please, do not touch* espresso in svariate lingue ben impresso nella mente, e nella nostra educazione, si tratta di una presa di posizione certamente rivoluzionaria. Al punto che, scrivendolo, siamo portati a usare il maiuscolo per la negazione, quasi avessimo paura che il vostro occhio di lettore NON leggesse ciò che c'è scritto veramente. Ancora una volta è Oppenheimer a spiegarci il perché di queste scelte:

> Le percezioni sono alla base del nostro modo di scoprire e interpretare il mondo, sia direttamente con i nostri occhi, sia attraverso la costruzione di utili strumenti come i microscopi, gli acceleratori, l'arte, la poesia, o la letteratura.

Un'esperienza stupendamente disordinata

Anche l'elemento inventivo e giocoso è fondamentale nei science centre. Giocoso e disorganizzato: Paola e Matteo, parlando del comportamento dei visitatori, descrivono adulti che seguono il percorso distrattamente, "a volte occhieggiano qualche didascalia", "talvolta commentano quanto vedono", ma "sicuramente non seguono scrupolosamente né l'ordine di visita né le eventuali istruzioni". Quanto ai bimbi "si muovono velocissimi da una postazione all'altra; provano ad azionare gli apparati", e sembrano decidere in pochi istanti se la cosa interessa loro o meno. Fino a trovare la postazione dove invece si fermano per diversi minuti, evidentemente divertendosi molto.

Insomma, il visitatore agisce secondo modalità "apparentemente pigre e selvagge". Solo apparentemente, però. Perché, invece, è visto come protagonista del proprio apprendimento. Durante la visita non sarà giudicato, non sarà forzato a fare nulla, né a imparare nulla. Gli adulti, lontani, spesso molto lontani, dai tempi in cui imparare era un dovere, non sono poi così pronti a mettersi in gioco, rivedere le loro conoscenze, quelle già acquisite ma anche quelle non acquisite e considerate, per questo, ormai irraggiungibili. E i bambini, che interpretano quel luogo come un piccolo parco dei divertimenti, di certo ne hanno abbastanza della scuola e dei compiti per doversi impegnare in qualcosa di più di un gioco.

I bambini, sia chiaro, rispetto agli adulti hanno una marcia in più. E non è, il nostro, solo un nostalgico rimando al magico periodo dell'infanzia. Per loro stessa natura i bambini sono portati a sperimentare. Guardano alle cose e, giustamente, si fanno un sacco di domande. Che porgono agli adulti che gli gironzolano intorno. I quali, a volte, come abbiamo già detto, non conoscono le risposte. Quando si tratta di domande legate alla scienza quel *a volte* si tramuta in un *piuttosto spesso*. Con un problema in più. Di frequente per i grandi la non conoscenza non evolve, spontaneamente, in una ricerca di risposte.

Man mano che passano gli anni, vien da dire, diminuisce la curiosità e aumenta il pudore. Ecco perché la libertà all'interno dei science centre è fondamentale. Occorre

dare occasioni al pubblico di esplorare liberamente il mondo (esposto, evidenziato, simboleggiato, simulato o condensato nell'esposizione), proprio come fanno i bambini mentre scoprono la realtà anche e soprattutto giocando.

Un elogio alla libertà del visitatore come "strumento di riscatto culturale, nato nei musei scientifici interattivi che ha presto contagiato anche altri generi di musei. (Rodari 2007)

L'esperienza, l'essere parte di un processo, è l'obiettivo dei science centre. Il visitatore deve avvicinarsi all'oggetto esposto rimanendone coinvolto attivamente, facendolo consapevolmente e inconsapevolmente ridiventare protagonista di un mondo, quello della scienza e della tecnologia, che lo riguarda molto da vicino fuori da quelle sale. Mondo in cui ripiomberà appena conclusa la visita, ma in cui porterà brandelli dell'esperienza vissuta là dentro, tra gli exhibit: *un'esperienza realmente personale*.

Fino a questo momento abbiamo ripetuto la parola esperienza un numero davvero elevato di volte. E non per scarsa ispirazione. Né perché il nostro lessico si sia improvvisamente prosciugato. Ma, invece, perché questo termine, così importante nel *concept* dei science centre, ritornerà molte altre volte in questo libro. Assieme a democratizzazione, interazione, hands-on, coinvolgimento. A volte riferiti all'arte, a volte come è già avvenuto in questo capitolo, alla scienza. Sino ad arrivare al punto in cui queste due entità di confonderanno. Anche se qui separata in diversi capitoli a descriverne i diversi aspetti e le diverse storie, a onor del vero, questa commistione, questa mescolanza all'interno dei science centre è programmatica sin dall'inizio della loro storia. Per volontà del loro padre fondatore, Oppenheimer, che una volta di più dimostrava una lungimiranza e un'intelligenza decisamente fuori dal comune. Ma di questo avremo modo di parlare più avanti.

Oggi i science centre in giro sono moltissimi, piccoli e grandi, nati da una folata di vento allegro, colorato e informale che dalla baia di San Francisco ha contagiato tutto il mondo. Dal Canada con l'*Ontario Science Centre*, nato anch'esso nel '69 e che conta oggi decine di milioni di visitatori, alle esperienze europee, nuove e meno nuove: *Phaeno* di Wolfsburg, *CosmoCaixa* di Barcellona, *Nemo* di Amsterdam, *Technorama* di Winterthur, *Citè des Science et de l'Industrie* di Parigi. Dall'Asia con il *Singapore Science Centre*, all'Italia con *Città della Scienza* di Napoli, al *Museo del Balì* di Saltara, all'*Immaginario Scientifico* di Trieste, storicamente il primo in Italia. Alcuni ve li presenteremo nella seconda parte di questo lavoro. Per procedere, però, sarà necessario un piccolo reset mentale. Perché prima di tornare a parlare di science centre e musei della scienza affronteremo un altro viaggio, che avrà inizio agli albori del secolo scorso. Tra le suggestioni dei primi film proiettati, la cui luce illumina a scossoni l'interno di teatri di fortuna, in tendoni tirati su per strada, come nuove *wunderkammer* in cui i passanti con cappello e bastone accompagnano signore in lunghi vestiti di velluto ad ammirare la nuova meraviglia: il cinema. Tra i fumi delle fabbriche e i miraggi artistici che vorrebbero trasformare il mondo e le città in enormi industrie, come suggeriva Marinetti per Venezia: "colmare i piccoli canali puzzolenti con le macerie dei vecchi palazzi crollanti e lebbrosi" per "preparare la nascita di una Venezia industriale e militare che possa dominare il mare Adriatico". Tra i dolori della guerra e le feroci dittature. Tra il crollo della prospettiva, con il cubismo, alla destrutturazione del concetto di opera d'arte e di artista.

Ringraziamo per il momento Paola e Matteo, che ritroveremo più avanti, e addentriamoci in un altro museo, del tutto speciale. Per arrivarci non serve il teletrasporto, anche se, per quanto ci riguarda, è da quando, da bimbi, abbiamo visto la prima puntata di Star Trek che aspettiamo che qualcuno si decida a inventarlo. Inumidite pollice e indice, prendete il lembo inferiore di questa pagina e, senza staccare il dito dalla carta, fate un semplice movimento da destra a sinistra. Si chiama voltar pagina, ma prima di lanciarci nel prossimo rocambolesco viaggio, avevamo voglia di trattenervi qui per un secondo ancora. Giusto per prender su la giusta quantità di fiato.

Prego, niente formalismi

Vi chiediamo a questo punto un salto indietro nel tempo e in un luogo molto particolare. Non possiamo portarvi dentro a un vero museo, farvi toccare con mano e sperimentare ciò che andremo a descrivere. Anche se ci piacerebbe. Del resto una realtà che presenti tutto quello che vi mostreremo non esiste. Abbiamo, però, uno scrupolo. Se il nostro obiettivo è dimostrare che scienza e arte si sono incontrate sul terreno comune della partecipazione e dell'interazione ci dispiace pensare di lasciare voi, nostri compagni in questo viaggio, come passivi lettori-spettatori. Vi chiederemo pertanto un piccolo sforzo di immaginazione. Il luogo in cui vi condurremo, infatti, è un museo fantastico: passeggiando con la mente di sala in sala, in questo straordinario posto, potremo vedere scorrere davanti ai nostri occhi alcune di quelle sperimentazioni che hanno portato, in anni recenti, all'incontro tra arte, scienza e museologia scientifica.

Ci permettiamo di nominarci vostri ciceroni. A darci una mano, troveremo degli interessanti personaggi. Se alcuni saranno laconici, un po' altezzosi, se non ci daranno molta attenzione, se saranno rabbiosi o scontrosi, non gliene vogliate: in fondo molti di loro saranno artisti, e di quelli famosi, per di più. Un pizzico di stravaganza è il minimo che ci si possa aspettare da loro. Seguiteci, dunque, nella visita: sarà nostra cura farvi apprezzare le opere d'arte che, come vi accorgerete presto, avranno parecchie caratteristiche di peculiarità, e partecipare alle rappresentazioni che avranno luogo lungo il percorso. Vi auguriamo pertanto buon divertimento. Pronti? Via!

Sala 1: In principio fu un orinatoio

Eccoci nel secondo decennio del Novecento. In questa sala potete ammirare uno scolabottiglie, più in là un ferro da stiro, proprio vicino a quell'attaccapanni. Attiriamo ora la vostra attenzione su *In advance of the broken arm* [In previsione di un braccio rotto], autentica pala per spalare la neve. Si tratta di un pezzo originale, acquistato in un vero negozio di ferramenta. Subito a fianco un pregevole orinatoio in porcellana bianca. Signori, prego, niente mormorii! Si tratta del famoso *Fontana* di Marcel Duchamp – autore anche dell'opera precedente, la pala da neve – che, quasi un secolo dopo la sua prima presentazione, avvenuta a New York nel 1917, sarà definito "l'opera d'arte più rappresentativa del Ventesimo secolo". È con un pizzico di cosciente insolenza che intendiamo cominciare il nostro viaggio in vostra compagnia proprio da questo oggetto di uso comune. Che, con la sua innegabile e consapevole forza dirompente, vogliamo eleggere ideale rappresentante del primo seme, piantato in un tempo ormai lontano, dell'incontro tra arte e scienza nei science centre.

Siamo qui nel bel mezzo delle avanguardie artistiche e di una autentica rivoluzione nel concetto di arte. A sferrare un primo, consistente, cazzotto a un sistema di valori di antica tradizione, infatti, ci pensano proprio Duchamp con le sue opere – lui che aveva già esposto una ruota di bicicletta nel 1913 – e i suoi colleghi dadaisti. Nell'ambito del movimento dadaista gli oggetti reali, non prodotti con finalità estetiche, oggetti non creati per essere belli, affascinanti, coinvolgenti, ma presentati in ogni caso come opere d'arte, rappresenteranno uno dei punti di maggior successo in un processo che metterà letteralmente le bombe al concetto di arte nelle sue fondamenta. Sarà lo stesso Duchamp a coniare la definizione che rimarrà appiccicata a questo genere di lavori: *ready-made*, li chiamerà così.

Con incoscienza, dunque, libera da ogni obbligo, per i dadaisti l'arte è gioco: gioco che, per sua natura, contraddice la serietà dell'agire per scopi utilitaristici. Del resto, se la libertà è il supremo dei valori, soltanto giocando si è veramente seri. Mica male, no? Ce n'è anche per l'opera d'arte: giù dal piedistallo dei valori borghesi! Non esiste un concetto precostituito di bello e di buono. E, a ogni buon conto, se anche ci fosse, è arrivata l'ora di mandarlo in malora. Frammenti di vita quotidiana devono entrare a far parte del mondo dell'arte, confondendosi con questa, e non certo separandosene. E se per far ciò occorre essere dissacranti, esponendo un orinatoio, degno rappresentante di una sfrontatezza a ben più ampio raggio, ebbene, sia il benvenuto. I nostri occhi di donne e uomini del Duemila, abituati a ben altre provocazioni, forse non riescono a cogliere la portata pazzamente iconoclasta di queste operazioni. Eppure questi oggetti, trascinati fuori dai negozi, dai cessi pubblici, dalle case, nella strada, assieme allo stesso gesto del *trascinare*, saranno una specie di grande incendio nel bosco dell'arte, che farà terra bruciata perché nuove piante, nuovi colori, nuova vita possano trovare spazio.

C'è ancora, in questo movimento artistico, un particolare che vale la pena sottolineare, a cui abbiamo appena fatto cenno, parlando dell'atto del *trascinare*. Un aspetto che, forse, non è immediato, ma che diventerà molto importante da qui in avanti: il *gesto*. È il gesto stesso a definire un'opera d'arte. Ecco così che l'orinatoio esce dai bagni per fare bella mostra di sé in un museo, la stessa sorte toccata alla pala da neve. È l'artista che affida questi oggetti ad altri destini, che non definiremo "più nobili" per non inquietare nessuno degli amici dadaisti. Non basta: non è solo il prodotto finito ad assumere importanza e a potersi fregiare del titolo di opera d'arte. È il gesto a diventare una star, esso stesso diventa arte. Come vedremo nella sala che segue, dove i dadaisti daranno vita a un interessante spettacolo. Dopo poco sarà la volta di un altro gruppo di simpatici artisti, il gruppo Futurista, che si esibirà in una performance tutta da gustare.

Sala 2: Teatro a sorpresa

Benvenuti nella sala numero due. Nella prima sala l'opera d'arte è caduta dal trono. Secondo il gruppo Dada è speciale, unico, e artistico, tutto ciò che noi definiamo come tale. Abbiamo imparato anche l'importanza del *gesto* come elemento essenziale dell'opera d'arte, che così diventa improvvisamente *immateriale*, perde di consistenza, si fa impalpabile. Anche un movimento, una serie di movimenti, un atto possono diventare arte e fare arte. Movimenti e gesto che, beninteso, non sono solo quelli dell'artista, ma anche quelli dello spettatore che ha a che fare con l'opera. Con quella di

Duchamp, per esempio. Nel suo *Etant donnès: 1° la chute d'eau, 2°
le gaz d'eclairage*, è appoggiando gli occhi ai fori praticati sulla porta
che lo spettatore scopre l'opera. Si tratta, in verità, di una delle ultime opere realizzate da Duchamp che ci lavorerà per quasi vent'anni,
in gran segreto. Per ammirarla, e per un rispetto della cronologia,
siamo costretti a chiedervi un subitaneo e provvisorio salto in avanti
temporale, fin dopo la morte dell'artista, nel 1968, quando sarà
esposta al *Philadelphia Museum of Art*. Infilate dunque gli occhi nel-
l'apertura del muro: distesa su un mucchio di ramoscelli vedrete una
donna nuda, con il sesso rasato e le gambe divaricate, che regge con
il braccio sinistro una lampada a gas accesa. Sullo sfondo, un paesaggio naturalistico con una cascata animata (Speroni 1995). Non
cercate di mettere a fuoco i suoi tratti: la donna è senza volto.

Abbiamo voluto presentarvi l'*Etant donnès* perché è un caso
emblematico, e piuttosto remoto nel tempo, di interazione dello
spettatore con l'opera. Come dire: che vi sia una donna nuda dietro alla porta nessuno lo può dire con certezza. In sostanza, è come
se non esistesse. L'opera assume un senso e prende vita solo grazie al movimento attivo di chi la guarda, a una concreta azione
dello spettatore. Viene svelata esclusivamente grazie al suo sguardo curioso, al suo occhio che penetra attraverso i due fori. È lo
spettatore che consciamente guarda, facendosi provocare dalla sua
postura licenziosa. Decide di sbirciare attraverso i fori? L'opera d'arte esiste. Se, invece, il visitatore tirerà dritto, la discinta donzella
non solo non sarà un'opera d'arte, ma non esisterà proprio. Alla
Conferenza della Federazione Americana delle Arti, riunita a
Houston nel 1957, lo stesso Duchamp affermava:

> Il processo creativo prende completamente un altro aspetto quando lo
> spettatore si trova in presenza del fenomeno della trasmutazione; con
> il cambiamento della materia inerte in opera d'arte, una vera transu-
> stanziazione ha preso luogo e il ruolo importante dello spettatore è di
> determinare il peso dell'opera sulla bilancia estetica. Insomma, l'artista
> non è il solo a compiere l'atto della creazione poiché lo spettatore sta-
> bilisce il contatto dell'opera col mondo esterno decifrando e interpre-
> tandone le qualifiche profonde, e in questo modo aggiunge il suo pro-
> prio contributo al processo creativo. (Calvesi 1993)

Siamo noi spettatori a decidere il suo destino: a elevarla a oggetto della nostra ammirazione, e del nostro voyeurismo, o ad annientarla con la nostra indifferenza. Si introduce così un altro elemento fondamentale nel nostro percorso: l'interazione. Fisica ma anche psichica. Come potremo vedere in questa seconda sala che andremo a visitare. Dove, come abbiamo detto, sta per cominciare una rappresentazione del gruppo dadaista: *Il canarino muto* di Georges Ribemont-Dessaignes del 1919. Riquet e Barate sono marito e moglie e, come succede a volte, si odiano di cuore. Per tutta l'opera Riquet se ne starà in cima a una scala, unico elemento scenografico sul palco, borioso e superbo, vaneggiando pomposamente di conquiste e di potere. Più in basso la moglie Barate (anche se lei preferisce farsi chiamare "Messalina") placherà i suoi "insaziabili" appetiti spassandosela con il suo amante, un uomo di colore che di nome fa Ochre, ma che è convinto invece di essere il compositore Gounod. Barate-Messalina e Ochre-Gounod, tanto per rovinarvi la sorpresa, finiranno malamente. 

Se alla fine dello spettacolo avrete la compiacenza di interrogare il pubblico che vi ha assistito, riceverete probabilmente dei pareri contrastanti. Ci saranno gli entusiasti, gli insoddisfatti e gli scandalizzati: del resto una donna, una moglie per di più, che si oppone alla tirannia e all'ambizione maschile, e si sollazza con un amante, non poteva lasciare indifferente il pubblico del secondo decennio del Novecento. Il filo conduttore delle performance Dada è proprio questa: la provocazione del pubblico e dei benpensanti per ottenere una loro reazione. I mezzi utilizzati? Nel caso dell'*Etant donnès* c'era la nudità, la posa licenziosa. Qui, invece, lo humour nerissimo, lo scandalo e la sorpresa la fanno da padrone. Si ride, ci si innervosisce e inquieta, spiazzati dalla crudelissima ironia, dalla messa in discussione dei ruoli consolidati, dalla contrapposizione tra alto e basso, istinto e intelletto. Per gli spettatori più conservatori non andrà meglio nello spettacolo successivo, quello futurista, in cui, come spesso accade, la performance si trasformerà in una guerra in miniatura che esigerà il più viscerale coinvolgimento dello spettatore, producendo un'emozione collettiva liberatoria.

Cade così il secondo assunto fondamentale: artista e spettatore non sono più due entità a sé stanti. L'opera non solo scende dal suo trono ma, persino, se ne va tutta fiera incontro allo spettatore. Che, dal canto suo, non è più un fruitore finale e passivo. Se, nella sala precedente, il pubblico de l'*Etant donnès* ha accostato gli occhi ai fori della porta, qui la signora col cappello che in seconda fila ha riso di gusto ha fatto parte del processo artistico, non meno del signore baffuto che, dietro a lei, spazientito, ha borbottato per tutto lo spettacolo.

Nel teatro futurista, in particolare, domina incontrastata "madama imprevedibilità" che, a diretto contatto col pubblico, crea qualcosa di mai visto prima. Un teatro d'azione, il loro, che si connota come vera e propria gestualità. Gesto e coinvolgimento, insomma, di attori e spettatori. *Et voilà*: l'opera d'arte si è definitivamente trasformata. Raccogliamoci in un angolo e ascoltiamo Filippo Tommaso Marinetti, lui che è il fondatore riconosciuto del futurismo, declamare il suo *Manifesto dei drammaturghi futuristi* del 1911 che, con la consueta enfasi, parla del loro come di "un teatro dello stupore, del record, della psicofollia" nato "dalla fulminea intuizione, dall'attualità suggestionante e rivelatrice". Assieme a Balla, Trampolini, Depero, Russolo, David Burliuk, Alexander Kruchenykh, Vladimir Mayakovsky, Viktor Khlebnikov, lo stesso Martinetti ci enuncerà alcuni punti fondanti di questo manifesto:

> Perché l'arte drammatica non continui a essere ciò che è oggi: un meschino prodotto industriale sottoposto al mercato dei divertimenti e dei piaceri cittadini, bisogna spazzar via tutti gl'immondi pregiudizi che schiacciano gli autori, gli attori e il pubblico. [...] Noi disprezziamo tutti quei lavori che vogliono soltanto commuovere e far piangere. [...] L'arte drammatica non deve fare della fotografia psicologica, ma tendere invece a una sintesi della vita nelle sue linee più tipiche e più significative. Nell'affermarvi queste convinzioni futuriste, ho la gioia di sapere che il mio genio, molte volte fischiato dai pubblici di Francia e d'Italia, non sarà mai sepolto sotto applausi troppo pesanti, come un Rostand qualunque.

Un bel gruppo di arrabbiati, insomma. Del resto, gli amici futuristi ne avevano un po' per tutti. Per i drammaturghi, come abbiamo appena sentito, e per la scrittura: niente punteggiatura per loro, niente ordine nello scritto. La frase deve essere buttata giù così come vengono le idee, impetuosa e disordinata, ma capace di rappresentare in maniera più efficace il tumulto della vita moderna, lo sconvolgimento dell'animo e del pensiero. Dinamicità che tramanderanno anche nella pittura, trasmettendo il movimento, armonioso e brusco, vigoroso o delicato. Mettendo il naso persino in cucina, per buttare all'aria le consuete comunioni di sapori e ingredienti ed esplorarne altre, più bizzarre e impreviste, teorizzando anche la fine della forchetta e del coltello e, ahi noi, della pastasciutta.

A questo punto, mettetevi comodi e potrete così ascoltare il barbuto Giacomo Balla mettere in scena *I funerali di un filosofo passatista*, "morto di crepacuore sotto gli schiaffi del futurismo" con l'accompagnamento al piano di Cangiullo. Oppure potrete prendere parte allo spettacolo *Piedigrotta poemetto parolibero* dello stesso Cangiullo: sentirete Filippo Marinetti inanellare versi, mentre una *troupe nana* formata da Balla, Depero, Radiante, Sironi, Sprovieri agghindati con stupefacenti cappelli, si produrrà in creazioni onomatopeiche, servendosi dei tipici strumenti napoletani: il putipù, la tofa, il triccaballacche, lo scetavajasse.

Date un'occhiata intorno a voi e concentratevi sullo spazio in cui vi trovate. La scena si è trasformata da spazio rappresentato a spazio attivo, dominato da elementi plastici e dinamici e da un acceso colorismo. Trascinato da questa improvvisa attivazione di una componente, il pubblico, fino a quel momento protagonista dello spettacolo quanto e forse meno della scenografia, tutto si anima: non solo il pubblico ma la stessa scena, dominata da colori vivacissimi, diventa protagonista, quanto gli attori. Con una prodigiosa commistione tra musica, scena e gesti anche gli oggetti prendono vita in una nuovissima impostazione della rappresentazione teatrale. Che attirerà su di sé le luci dei riflettori più importanti d'Europa.

Sala 3: Schizzi e minestre, cacca e new media

A sinistra un quadro di Jackson Pollock, più in là le minestre *Campbell* di Andy Warhol fino ai barattoli di Piero Manzoni. Siamo già nella terza sala: dalle provocazioni degli anni Dieci e Venti facciamo un salto in avanti di trenta o quarant'anni. Il nostro, ci rendiamo conto è un azzardo temporale e storico-artistico. Da un lato perché, inseguendo un personalissimo *file rouge*, tralasceremo di raccontare tutto quanto è avvenuto nel frattempo in campo artistico. Il che, probabilmente, farà storcere il naso ai puristi e agli storici dell'arte, ma è un *jump* necessario per concentrare la nostra attenzione sulle tappe più significative del percorso che ha avvicinato arte e scienza nei science centre. Dall'altro perché in questa fase trascureremo una compagna assai fedele e, sin dagli inizi, sommamente importante in questo percorso: la tecnologia, che troveremo qua e là a macchia di leopardo, ma di cui parleremo in modo esteso un po' più avanti.

Gesto, quotidiano, provocazione, interazione erano le quattro parole chiave che, nelle prime sale, avevamo individuato nelle esperienze dei gruppi del primo Novecento. Dagli anni Cinquanta, con forme diverse, l'arte si riappropria di queste stesse parole e del rifiuto che le ha originate: così il rapporto tra autore e spettatore viene stravolto in maniera ancora più forte. La partecipazione del pubblico, il concetto di network, l'arte come processo, pratica di vita, performance e gesto, l'idea di non separare più artista e spettatore e di costruire aggregazioni sociali spontanee e reti di rapporti, l'evento artistico che mira a produrre sensibilità, umori, inquietudini e non oggetti, sono tutti elementi alla base della ricerca artistica di ieri e di oggi ma che, evidentemente, pescano a piene mani nella storia delle avanguardie (Vassallo 2003). Non sono, in sostanza, delle novità assolute, ma da quei chicchi seminati dagli avanguardisti, in questi decenni si sviluppa una pianta a molti rami. Qui di seguito porteremo degli esempi, i più celebri e celebrati, tanto per rendere il percorso più comprensibile. Quelli che elencheremo saranno dei personaggi e delle opere simbolo. Anche se, ovviamente, come in un albero i cui rami si perdono tra le fronde, si incrociano, si dividono in mille propaggini secondarie, si confondono e perdono identità, anche nei movimenti artistici i concetti base si compenetrano e si fondono acquisendo nuove unicità. In ogni caso, ecco qui di seguito un breve *excursus* per parole chiave che potrà essere utile per fare chiarezza.

Primo concetto di cui ci occuperemo è quello di *gesto,* che, dagli anni Cinquanta in poi, ritorna protagonista: l'*action painting* porta alle più accese conseguenze la gestualità dell'artista. Pollock, che di questa corrente è il più celebre rappresentante, affronta la tela versandovi e schizzandovi il colore. Niente pennelli a frapporsi tra quadro e artista. Con il suo *dripping* (ossia lasciando gocciolare il colore direttamente da un recipiente sospeso sopra la tela) Pollock comunica a chi osserva l'atto stesso del dipingere. Gillo Dorfles ci ricorda che

> per Pollock il *dripping* era una maniera di ottenere un risultato immediato che non frapponesse, tra il quadro e il creatore, il mezzo spesso inerte del pennello, ma che consentisse l'istantanea presa di contatto con l'opera già "divenuta", pur nel suo divenire. Lo sgocciolamento era del resto una delle "sottospecie" del gesto per cui possiamo senz'altro considerare l'arte di Pollock – almeno quella della sua maturità – come arte gestuale. (Dorfles 1993)

Guardi il quadro e ti pare quasi di sentire il rumore del liquido che imbratta la tela, in un ordinato e calibrato disordine, potremmo dire. Lo spettatore può percepire istintivamente l'emozione e il movimento che ne scaturisce. Gli schizzi sulla tela trasmettono la dinamicità del gesto, il ritmo dei movimenti, persino la forza, l'irruenza, il sentimento tormentato ed esplosivo dell'artista.

Si riafferma, poi, l'arte del quotidiano. Negli anni Sessanta deflagra la Pop art, di Warhol e Lichtenstein, che rivolge la propria attenzione agli oggetti, ai miti, ai linguaggi, alle immagini più note o simboliche tra quelle proposte dalla società dei consumi. Questo nuovo riscatto dell'oggetto, dice ancora Dorfles,

> deve essere inteso come una demistificazione e, spesso, un'ironizzazione della civiltà consumistica. Per la prima volta, infatti, il pubblico si è visto posto di fronte al valore di taluni oggetti creati dall'industria e d'uso comune, di cui non aveva mai prima avvertito l'importanza estetica.

Oltreoceano, Lichtenstein lancia i suoi famosi quadri fumetto, Warhol diventa famoso portando alla ribalta Marilyn Monroe multicolore e prodotti usa e getta in serie, Liz Taylor e Mao, le banane, le bibite e i coltelli. Warhol fa ampio uso anche dei nuovi strumenti che la tecnologia a portata di tutti offre. Non solo cinema con tutti i crismi (seppure spesso un po' sporco, casalingo e decisamente underground) con il "suo" regista Paul Morrissey e il suo non-attore feticcio Joe Dallesandro, preso anche lui dalla strada. Ma anche nella produzione di film da lui stesso girati. E nella TV: lo ricorderete, forse, interprete di una puntata di uno dei più inverosimili telefilm degli inverosimili anni Ottanta, *Love Boat*, mentre scatta a tutti foto Polaroid, altra sua passione, su un ritornello che fa "Mare, profumo di mare" (nella colonna sonora italiana cantata da Little Tony, ovviamente, stampata nella nostra personale memoria pop). E, qualche anno prima di morire, facendo persino da testimonial a un oggetto, il computer, che non era ancora pop, ma era lì lì per diventarlo. In Italia Piero Manzoni, in quegli stessi anni, si toglie una scarpa, la firma e la dichiara opera d'arte.

Torna di moda la provocazione: lo stesso Manzoni gonfia dei palloncini colorati: è *Fiato d'artista*. O produce una serie numerata di barattoli contenenti i suoi escrementi: *Merda d'artista*, li chiamerà. Anche quella è opera d'arte, perché l'artista la definisce tale. Beninteso: quella di Manzoni è anche una critica ironica al mercato dell'arte, disposto a vendere e comprare di tutto, purché firmato. È un'opera dissacratoria, che quasi cinquant'anni dopo la sua produzione, continuerà a far parlare di sé per la spesa, 124.000 euro, che un anonimo collezionista affronterà per accaparrarsi il barattolo numero 18 a un'asta di Sotheby's.

Si afferma definitivamente la partecipazione e l'interazione con il pubblico, infine. Con l'Internazionale Situazionista e con il gruppo *Fluxus*, per esempio, che, agli inizi degli anni Sessanta, riunirà una vasta area di artisti interessati alla ricerca non oggettuale e alle pratiche performative. Come afferma Nam June Paik, tra i protagonisti di questa stagione, *Fluxus* "è un modo di vita, non un concetto artistico" (Duguet 1993). Guardatevi intorno in questa terza sala. Date un'occhiata a ciò che qui è esposto e presentato. L'elettronica, la tecnologia, la fan già da padrone. E, come è ovvio pensare, la televisione è uno dei protagonisti. Del resto sono quelli gli anni in cui l'elettrodomestico che oggi impera nella nostra vita, diventa il nuovo focolare attorno a cui si raccoglie la famiglia, la sera. Se prima c'era la radio, che tramandava una tradizione di racconto solo orale, ora le immagini, la tecnologia per portarle, arrivano addirittura in casa, proprio lì, nel salotto buono, magari posato sul mobile della nonna. Non occorre nemmeno più uscire per godere degli spettacoli, per ridere, per divertirsi, per partecipare. Ecco allora il *Portapak*, primo esperimento di videoregistratore. Ecco il sintetizzatore elettronico di immagini televisive di Nam June Paik: non è mai stato brevettato per permetterne l'utilizzo a chiunque (Fadda 1999). In sottofondo potete sentire una versione del *Capriccio n° 5* di Paganini eseguita al computer. Già, perché c'è anche spazio per il computer e le sue incredibili potenzialità.

Sono, questi, pochi esempi dei prodotti di un movimento estremamente vasto in cui

> Tutto poteva venire accettato, dall'atto di strappare un pezzo di carta alla formulazione di idee tendenti a trasformare la società

come vuole sottolineare Joseph Beuys, uno dei grandi protagonisti della stagione *Fluxus*. Nelle sale precedenti abbiamo visto la frenetica, spumeggiante, caotica e spavalda attività dei gruppi dadaisti e futuristi. Ebbene, forse con minor ingenuità e una maggior consapevolezza dei loro predecessori, anche gli artisti *Fluxus* mirano a trasformarsi in pacifici *panzer*. Per abbattere le divisioni, le distanze geografiche e culturali, nell'arte come nella società. *Fluxus* è una comunità in cui tutti gli artisti possono entrare e uscire in libertà, un luogo straordinario pronto ad accogliere qualsiasi possibilità creativa. In cui tutti chiacchierano con tutti, fanno cose l'uno con l'altro, agiscono, viaggiano, si muovono, si interrogano, si uniscono e si lasciano, si conoscono e riconoscono. E in cui non esistono compartimenti tra le discipline: danza, teatro, pittura, cinema, poesia e nuovi media si fondono l'uno nell'altro, si compenetrano, perdono le loro identità acquisendone di nuove.

I rituali dell'arte e le sue istituzioni? Una risata li seppellirà! Sono derisi e smitizzati, così come la figura dell'artista, del quale si nega la professionalità. L'opera d'arte va ancora una volta verso il pubblico per un coinvolgimento e una partecipazione volte a liberare, in chi la vive, un "flusso di energie contro i vecchi schemi di comportamento, in un clima ludico e libertario" (Bordini 1995). Qualunque cosa può sostituirsi all'arte e chiunque può prendere il posto dell'artista. In nome della partecipazione tutte le tecniche, tutti i materiali sono accettati, tutte le tecnologie sono benvenute. Anche, come abbiamo visto, quelle elettroniche, che vengono messe al servizio di questo obiettivo. Senza contare le performance e gli happening, in cui l'arte si fa pura pratica, anzi, puro comportamento, con un relazione sempre più stretta tra prassi artistica ed esperienza concreta, tra arte e vita. Cos'è un happening? Un'opera che non punta più sull'oggetto ma sull'evento. Un esempio: nell'opera di Allan Kaprow, uno dei suoi fondatori, si conosce il punto di partenza, c'è un canovaccio, ma l'opera nasce dall'azione combinata di artisti e spettatori, prendendo strade imprevedibili. Entrate anche voi nell'happening, dunque, accogliete l'invito di Kaprow. Sta per cominciare *18 Happenings in 6 Parts*. Kaprow è quel signore con la camicia bianca e i pantaloni scuri, che suona il flauto, in mezzo alla sala. Muovetevi tra gli altri, partecipate, fondetevi nell'ambiente. Confondetevi con gli attori e diventerete attori voi stessi. Questo non è teatro classico: qui l'azione è immediata, improvvisata. Vi aspetteranno esperienze visive, sonore e olfattive. La scenografia? Fogli di plastica semitrasparente colorata, pannelli con parole scritte e file di frutta di plastica. Una campana segnerà l'inizio e la fine. Non applaudite, se non alla fine delle sei parti in cui è diviso lo spettacolo. E ricordate che cosa c'è scritto nell'invito che vi è stato dato, contenuto in una borsa di plastica assieme a piccoli *collage* di carte, fotografie, legno, frammenti dipinti e figure ritagliate: "*You will become a part of the* happening*; you will simultaneously experience them*". Insomma, diventate parte dell'happening e, contemporaneamente, sperimentatelo (Vergine 1996).

Sala 4: La rivoluzione su un cartellino

Benvenuti nella sala numero 4. Anche qui cercheremo di coinvolgervi attivamente. Prendete dei fogli e quelle buste, scrivete una bella lettera, poi un'altra e un'altra ancora. Spedite il tutto in ogni angolo del globo e sarete anche voi protagonisti della Mail art: ovvero le nostre familiari *e-community* con le lancette spostate indietro di quarant'anni. Più esattamente dentro la *New Correspondence School of Art* di Ray Johnson del 1962, nata all'interno dello stesso gruppo *Fluxus*. La Mail art è un reticolo di relazioni create e mantenute attraverso il circuito postale a creare un *network*, per un movimento artistico che diverrà protagonista di innumerevoli progetti interattivi e parte integrante di movimenti libertari e controculturali, legati per esempio alle tematiche ecologiste, all'antivivisezione, al disarmo nucleare. Anche per la Mail art l'obiettivo è proporre un'arte diffusa e fuori dagli schemi, accessibile a tutti. Che, più di opere e prodotti, possa offrire processi mentali, stimoli creativi e scambi di idee. Sostenendo, per esempio, la diffusione dei messaggi pacifisti degli anni Sessanta e Settanta e dell'estetica psichedelica con cartoline coloratissime che circolavano per il mondo in segno di fratellanza. A dirla con le parole di Vittore Baroni (Baroni 1997), attivista della Mail art negli anni '80, una lettera indirizzata a una persona dall'angolo più lontano della Terra, è un filo di energia che lancia messaggi più potenti di uno show sul primo canale TV. Un filo di energia che, peraltro, non si è mai interrotto. Ancora oggi esperienze come queste vengono portate avanti. La giovane designer Anneke Jacobs, olandese di Utrecht, ha trasformato la sua sedia, raccattata a un angolo di strada e poi usata in casa sua, in 1727 bottoni che vende online. "Per entrare nel vostro universo. Distribuendoli a più persone possibile a poco a poco il mondo potrà essere la mia casa". Obiettivo? "Abbattere le barriere della nostra società".

Rivolgete lo sguardo ora agli oggetti lì in fondo. Sono prodotti di artisti appartenenti alla corrente dell'Arte cinetica, movimento che proclama come fondamentale un rapporto interattivo con il pubblico, l'annullamento della staticità e dell'unicità dell'opera e il lavoro collettivo. Guardate le opere qui esposte, seguite le istruzioni. E non spaventatevi se le cose attorno a voi prenderanno vita. Con il vostro contributo. O senza.

Oggetto a composizione autocondotta di Enzo Mari del 1959 permette agli spettatori di spostarsi, facendo variare così la disposizione di forme geometriche racchiuse dentro un contenitore di vetro. L'opera d'arte, insomma, assume vita propria e il suo vivere si fonde con quello del suo fruitore, che è invitato a collaborare per assaporare gli effetti ottici che l'opera stessa presenta. Nella Optical art, sviluppatasi negli anni Sessanta, lo spettatore è chiamato a percepire le illusioni dell'opera. Per avere una visione prospettica ottimale, è indotto a spostarsi di fronte al quadro.

Ovviamente non è tutto qui: in questa sala troverete sì, dipinti optical, ma anche opere che richiedono l'intervento diretto dello spettatore, opere dotate di movimento autonomo, con o senza motore, e opere che incorporano effetti luminosi.

L'Arte cinetica, in sostanza, agisce sull'informazione, studia la percezione dell'individuo, in relazione alle immagini e ai messaggi a essa legati. È una forma d'arte che si interessa al moto, di qualunque natura esso sia: meccanico, elettromeccanico, elettromagnetico, luminoso. Le strutture artistiche sono concepite in funzione del movimento, che ne modifica la forma secondo un preciso programma (e, in effetti, in Italia prevarrà la cosiddetta Arte programmata) o secondo una controllata casualità. È un'arte nuova di zecca, con inediti punti di contatto con la scienza e la tecnologia. Gli artisti del *Gruppo Zero* fondato a Düsserdolf nel 1961, che dell'Arte cinetica furono rappresentanti, si interrogano sulla nostra percezione della realtà, che diventa sempre più mutevole, e sulla nostra esperienza che, facendo rima con i dettami della fisica del Novecento, è del tutto relativa. Per gli amici del *Gruppo Zero* tutto cambia, tutto muta, la realtà ha molte facce, molti punti di vista. La realtà sta negli occhi di chi guarda, ed è mobile, fluida, dipendente dalla percezione del momento. E così l'opera d'arte.

Mettetevi quindi a giocare con *Tavola di possibilità liquide* di Giovanni Anceschi. Qui un liquido viscoso colorato e aria sono compressi fra due fogli di plastica trasparente. Il contenitore quadrato è fissato alla parete tramite un dispositivo che gli consente di ruotare su un piano parallelo a essa. Capovolgendo il riquadro potrete vedere la colata del liquido produrre forme incantate e affascinanti immagini, sempre diverse. Infilate il dito sugli schermi tattili delle opere di Gianni Colombo, *Espansione modulare* (1959-1963), *Rilievo interminabile* (1959), *Superficie in variazione* (1959), *In-Out* (1960-1963). La pressione delle dita interviene sulle configurazioni variabili che l'oggetto propone: una sorta di visione attraverso il corpo, insomma, o, comunque, non dissociabile da esso. Provate a interagire con questi oggetti e, così facendo, vi apparirà evidente la comunanza strutturale e concettuale di queste opere con gli exhibit che oggi popolano i science centre, di cui abbiamo parlato nel capitolo precedente.

Ma è sullo studio dell'ambiente che l'arte cinetica e visuale tocca una tappa fondamentale, una fase nuova che si qualifica ormai sempre più scientificamente, tecnologicamente e sperimentalmente. Lucio Fontana e il suo *Ambiente spaziale* segnano in questo senso un importantissimo riferimento. In un ambiente quasi completamente buio, illuminato soltanto da una luce di Wood, si notano, appese al soffitto, forme decisamente... informali. L'arte ora punta dritta all'inconscio dello spettatore. La realtà si fa infinita e allo stesso tempo isolata e isolante. L'opera proietta lo spettatore in un mondo nuovo, un'altra dimensione, avvolgendolo completamente, come in un bozzolo. E, così facendo, titilla tutti i suoi sensi.

Per dirla con il critico Italo Mussa,

l'ambiente è uno spazio visuale perfettamente progettato in cui lo spettatore, estraniato dal mondo esterno, si trova coinvolto in se stesso e le sue facoltà psicopercettive vengono sottoposte ad esercizi aventi comunque sempre funzioni estetiche. (Mussa 1976)

Lo spettatore è nell'opera, dentro l'opera, ne è parte integrante, non è più estraneo a essa. Perciò è in grado di comprenderne il meccanismo, con tutti i suoi sensi. È, questa, una rappresentazione istintiva, senza freni, che, provenendo dall'inconscio dell'artista, è spinta a stimolare l'inconscio altrui. Occorre andare al 5 febbraio 1949, nella Galleria del Naviglio, per immergersi nell'*Ambiente spaziale*. È Guido Ballo, un importante testimone dell'arte italiana del dopoguerra, a descriverci quell'opera con le sue parole:

La Galleria in quell'occasione era stata trasformata; il tetto fu colorato da una luce violacea, piena di penombre, nella quale erano sospese forme spaziali che parevano rami di alberi in fondi marini, o scogliere sospese in aria, ma "ambientate"; e in questo ambiente si entrava, lo spettatore veniva attratto; non contemplava una forma staccata, davanti ai suoi occhi, entrava nell'ambiente pittorico. Qualcuno potrà pensare alla scenografia: non si trattava di vera e propria scenografia. Era come entrare in una grande ceramica dello stesso Fontana.

È Raffaele Carrieri, poeta e critico d'arte, ad accompagnarci dentro l'opera:

Entriamo in una specie di grotta cabalistica avvolta in panneggi neri. È la prima o l'ultima notte del nostro pianeta? In un cielo spettrale, fra danze di larve, una grande forma tentacolare e incompiuta. Un dinosauro calcificato? La spina dorsale di un mammut? Non voglio fare delle immagini. L'ambiente creato da Fontana [...] ci ha avvicinato alla luna assai più e meglio di qualsiasi cannocchiale. (Carrieri 1949)

Li vedete ora quei due corridoi uno a fianco all'altro? Le pareti e il pavimento sono bianchi, il soffitto è un velario dello stesso colore, traslucido. Al centro di entrambi i corridoi ci sono due neon molto forti, controllati da timer che secondo un ritmo leggermente sfasato li accendono e spengono aritmicamente. Man mano che vi avvicinerete alla fonte luminosa vi sentirete straniti, come se l'ambiente, e le sue demarcazioni, cominciassero a sparire. Quando vi troverete ai due estremi del doppio corridoio subirete un effetto di condensazione e diluizione. È *Ambiente a shock luminosi*, progetto 1963 del *Gruppo T*, insieme di artisti italiani che si occuperà in particolare della problematica spazio-temporale nell'opera d'arte. L'opera d'arte, insomma, cessa di avere un'immagine fissa e unica, ma muta nel tempo attraverso il movimento. Lo spettatore? Ha un ruolo attivo. Con la sua partecipazione, di carattere psicologico e percettivo, ma non solo. L'opera d'arte, infatti, non è più solo da contemplare, ma diventa un oggetto in cui si può entrare fisicamente e che si può, persino, manovrare. Grazie anche all'introduzione della multimedialità, dei video, delle più moderne tecnologie derivanti anche dalla ricerca scientifica, da cui nascerà l'arte elettronica e interattiva.

La partecipazione del pubblico, per il *Gruppo T*, era davvero molto importante. Al punto che sull'opera d'arte porrà un cartellino con una scritta *Si prega di toccare*. Nell'epoca degli slogan è impossibile non notare il parallelismo con quella realtà totalmente diversa di cui abbiamo parlato nel primo capitolo. Mentre in Italia il *Gruppo T* invita il pubblico a giocare con i suoi artistici marchingegni, infatti, di là dell'Oceano, nel lontano West, l'*Exploratorium* di San Francisco apre i battenti. E, a fianco degli *exhibit*, come abbiamo già visto, posiziona il medesimo cartellino.

Pausa al bar

Stanchi? Concediamoci un momento di pausa: servirà a raccogliere le idee e lanciare uno sguardo d'insieme, osservando le connessioni tra i vari rami del sapere che portano dritto verso il coinvolgimento dello spettatore. Oltre a presentare un altro argomento importante nel nostro percorso che ha già fatto capolino qua e là: l'introduzione della tecnologia nell'arte. Con il finire dell'Ottocento, infatti, la tecnica entra volente o nolente nel mondo dell'arte. E allo stesso tempo, vedremo molto presto, nella vita quotidiana. In quegli anni si afferma la fotografia, ovviamente. E prende sempre più spazio il cinema, che, non a caso, viene chiamato la settima arte: un'arte nuova di zecca e tutta tecnologica. Senza la macchina, senza le strumentazioni, non può esistere.

Quello cominciato alla fine del Diciannovesimo secolo è un percorso che avvicinando arte e tecnologia ci porta fino ai giorni nostri. In un rapporto che si trasformerà nel corso dei decenni: nella prima fase è strumento fondamentale a disposizione degli artisti per quel processo di democratizzazione che mira a buttare l'opera d'arte (e l'artista) giù dal piedistallo, fatto per produrre, e riprodurre, l'arte, avvicinandosi e avvicinandola alle nuove realtà tecniche, economiche, culturali della società di massa: come nel caso dei futuristi e dei dadaisti. In una fase successiva, con il *Gruppo Zero* o con il *Gruppo T*, per esempio, la tecnologia diventa uno strumento che permette al caso, all'indeterminatezza, alla probabilità, all'ambiguità, di uscire dal mondo della scienza, per trovare applicazione nella vita quotidiana trascinando lo spettatore dentro l'opera d'arte. Infine, grazie alle più moderne macchine, le tecnologie non sono più semplici utensili, ma strumenti capaci di memorizzare, trasformare, rielaborare le informazioni, e di permettere un'interazione diretta con lo spettatore. Con un artista che diventa creatore di comportamenti, oltre che di accadimenti, e che utilizza gli strumenti della tecnologia per rappresentare e criticare la tecnologia stessa nel mondo moderno.

Accomodiamoci quindi al bar, gustiamoci qualcosa di fresco. E avviciniamoci a quattro personaggi che stanno discutendo proprio di questi temi. Sono Walter Benjamin, Laszlò Moholy-Nagy, Umberto Eco e Paolo Rosa di *Studio Azzurro*. Appartengono a epoche diverse. Arrivano da luoghi diversi. E fanno lavori diversi. Benjamin è un filosofo. Moholy-Nagy nella sua carriera ha spaziato dalla pittura all'architettura, dalla scenografia alla fotografia, al cinema, all'educazione, all'arte. Ed è stato anche direttore del nuovo *Bauhaus* che, come è noto, ebbe tra i suoi principali obiettivi quello di unificare  arte, artigianato e tecnologia. Umberto Eco è scrittore, linguista, filosofo, tra i massimi intellettuali del nostro tempo. Paolo Rosa è un artista contemporaneo: sarà lui a offrirci il link ideale con l'attualità. Mettiamoci attorno a loro e origliamo un po'. Saranno loro, attraverso i loro pensieri, a fornirci la cornice filosofica e intellettuale in cui inscrivere questi cambiamenti. Ascoltiamo Walter Benjamin mentre dichiara che, così come ha sostenuto ne *L'opera d'arte nell'epoca della sua riproducibilità tecnica*

l'osservazione simultanea da parte di un vasto pubblico, quale si delinea nel secolo Diciannovesimo, è un primo sintomo della crisi della pittura, crisi che non è stata affatto suscitata dalla fotografia soltanto, bensì in modo relativamente autonomo, attraverso la pretesa dell'opera d'arte di trovare un accesso alle masse. (Benjamin 1991)

L'opera d'arte, insomma, vuole espandersi tra il pubblico. In questo percorso, un elemento di carattere puramente tecnico è punto focale: il poter essere copiata e riprodotta anche infinite volte. Conferma infatti Benjamin: "La riproducibilità tecnica dell'opera d'arte modifica il rapporto delle masse con l'arte". Grazie alla fotografia e al cinematografo le opere diventano riproducibili. I prodotti di queste tecnologie sono essi stessi opere d'arte, per i quali, oltretutto, è permessa una straordinaria espansione e una fruizione ad amplissimo raggio. Foto e pellicole possono essere copiate, riprodotte, manipolate, ritoccate e, per questo, apprezzate da un pubblico estremamente vasto. L'arte, insomma, anche grazie alla tecnologia, si fa davvero democratica e a portata di tutti.

Sin dagli albori del Novecento, la fascinazione che l'artista subisce per la tecnologia è innegabile. Con un coinvolgimento profondo che non riguarda solo ciò che l'artista può fare utilizzando i nuovi strumenti, macchinosi sostituti di tavolozza e pennello. Un esempio? L'*Anémic Cinéma Film* del nostro vecchio amico Duchamp (anémic è anagramma di cinema) che con quest'opera richiede all'osservatore un'esclusiva concentrazione visiva, che finisce per diventare percezione corporea. In un gioco in cui la tecnologia espone sé stessa, oggi potete vedere il filmato semplicemente collegandovi a *YouTube* e digitandone il titolo.

Il fatto che Duchamp e compagni abbiano saputo utilizzare per i propri scopi la tecnologia significa anche che sapevano maneggiare, conoscevano, potremmo dire, possedevano, il mezzo tecnico. È Moholy-Nagy a intervenire su questo punto:

Personalmente ritengo che nel passaggio dal lavoro artigianale a quello industriale l'artista debba instaurare una vera intesa, un rapporto che definirei organico con la struttura produttiva: ciò significa conoscere le tecniche ma anche un'importante fase di ideazione e progettazione a cui il processo puramente estetico è subordinato.

Come dire che l'arte, in questi mutamenti, si unisce con la tecnica: non può più prescindere da essa. E si fa in qualche modo concreta e popolare. Arrivederci agli ideali romantici, *au revoir* alle esperienze soggettive legate all'opera d'arte. I nuovi modelli estetici devono essere in sintonia con le nuove realtà tecniche e sociali della società moderna in una dimensione diventata improvvisamente di massa.

Negli anni Sessanta del Novecento, in particolare, il mondo del-

l'arte si concentrò molto sulla relazione potenziale tra l'arte e la tecnologia per gli sforzi combinati di Robert Rauschenberg, che era una figura celebre e influente per aver vinto il Gran premio della giuria alla Biennale di Venezia del 1964, e Billy Kluver, un fisico. Nel 1963, Kluver e Rauschenberg cominciarono a creare opere nelle quali oggetti tecnologici comuni, come radio e ventilatori, erano attivati da vari sistemi elettronici. Rauschenberg era fra i fautori più loquaci dell'alleanza tra l'arte e la tecnologia. "Una forma d'eresia si sta sviluppando la quale afferma che il progresso tecnologico è un mostro, che il robot è l'incarnazione del diavolo...", ipotizzò in un'intervista del 1969.

Per affermare il potenziale delle collaborazioni tra artista e ingegnere, Rauschenberg e Kluver produssero una serie ambiziosa di spettacoli nell'ottobre del 1966, presentati per nove sere al 69th Regiment Armory di New York. I due assoldarono quaranta ingegneri e dieci artisti d'avanguardia per produrre l'attrezzatura tecnica per il teatro, il ballo e le stravaganze musicali presenti nello spettacolo. Così, nella zona del prato, i piccoli amplificatori ingrandivano la serie straordinaria di suoni interiori – "onde cerebreali, suoni di cuore e muscoli" – che arrivavano dal corpo del ballerino Alex Hay che se ne stava di fronte a un enorme schermo televisivo sul quale era proiettata la sua immagine. Incentivati dalla convinzione che l'azione interdisciplinare trae profitto dall'unione, Kluver e Rauschenberg formarono un'organizzazione chiamata *Experiments in Art and Technology* (EAT) per promuovere gli sforzi uniti degli artisti e degli ingegneri. Quando fu chiesto del suo coinvolgimento nel progetto, Rauschenberg spiegò:

Se non si accetta la tecnologia, è meglio andare in un altro posto perché nessun luogo qui è sicuro... Nessuno vuole più dipingere arance marce.

Tutto bello, positivo, meraviglioso, dunque? Niente affatto. Con buona pace della coppia Kluver-Rauschenberg anche nell'arte proprio in quegli anni nasce la generazione del dubbio. Se la macchina e la tecnica sono le protagoniste assolute nei primi decenni del Novecento (Giacomo Balla chiamò Luce ed Elica le sue figlie: non abbiamo notizia di eventuali recriminazioni delle due fanciulle una volta raggiunta l'età della ragione), con l'andar del tempo, e gli accadimenti della storia, le cose cambiano. Se l'estetica e l'arte, anche grazie alla macchina, abbandonano le pareti e le sale dei musei per infilarsi dritte tra la gente, le stesse non possono non perdere il loro innocente rapporto con "la macchina". Mentre il mondo si sfida a colpi di testate nucleari e le macerie di Hiroshima non hanno ancora smesso di fumare, la fede sconfinata nel progresso e nella tecnica perde terreno. Dagli anni Sessanta in poi, insomma, anche nell'arte assistiamo a "un'era di transizione in cui gli artisti, pur nutrendosi spesso di tecnologia, non ne subiscono però l'illusione o il carattere demoniaco e propiziatorio e in cui, inoltre, soprattutto nel senso della coerenza ideologica, si delinea un clima molto più "fluido, aperto, tattico, di quanto non fosse il clima delle avanguardie storiche" (Carboni 1991). La scienza e la tecnologia possono essere potenti e distruttive, buone e cattive, portare vita o morte. Così l'esistenza, l'uomo, la natura e tutto ciò che ci circonda possono essere guardati da molti punti di vista, positivi e negativi. E l'arte si deve fare interprete di queste ambiguità. Un'ambiguità in cui lo spettatore, così come accade nella società, gioca un ruolo essenziale. È su questo punto che interviene Umberto Eco, riprendendo un tema da lui trattato ampiamente nel suo pionieristico *Opera aperta* del 1961. Un po' di attenzione allora che proviamo a capire di cosa si sta ragionando. Se "l'opera d'arte è un messaggio fondamentalmente ambiguo" e "tale ambiguità diventa, nelle poetiche contemporanee, una delle finalità esplicite dell'opera" (Eco 1976), allora bisogna andare a guardare qual è la

> reazione dell'arte e degli artisti (delle strutture formali e dei programmi poetici che vi presiedono) di fronte alla provocazione del Caso, dell'Indeterminato, del Probabile, dell'Ambiguo, del Plurivalente; la reazione, quindi, della sensibilità contemporanea in risposta alle suggestioni della matematica, della logica e del nuovo orizzonte epistemologico che queste scienze hanno aperto.

L'artista, insomma, non può rimanere estraneo a ciò che gli accade intorno. E poi l'opera non è più una sola, ma, come abbiamo visto, per esempio, nell'arte cinetica, cambia a seconda dell'interazione con lo spettatore. Causalità, indeterminazione, incertezza, È qui che Eco introduce il concetto di "opera aperta", in cui il fruitore dell'opera d'arte è riconosciuto anche come interprete ed esecutore: "L'interprete come centro attivo di una rete di relazioni inesauribili" nelle quali l'artista anziché "subire l'apertura, come dato di fatto inevitabile, la elegge a programma produttivo". L'opera è sì aperta, ma l'apertura è preparata. È fatta apposta, insomma, pianificata e non casuale. Vi ricordate gli happening di Kaprow? Bene, quello è un esempio che rende bene l'idea. Da un lato una regia attenta, un canovaccio che prevede tutto quello che deve accadere e le modalità con cui gli eventi devono susseguirsi. Dall'altro la ricerca di un ruolo attivo del visitatore e, quindi, l'introduzione di una variabile assolutamente *aperta*, con l'incarnazione negli eventi di valori antitetici a quelli propri delle *belle arti*, statiche e con la puzza sotto al naso.

Eco parla di una vera e propria poetica perché individua negli sviluppi dell'arte contemporanea, più sensibile alle nuove acquisizioni della scienza e della tecnica, un'*apertura programmatica* in cui si possono riconoscere

> esiti fruitivi rigidamente prefissati e condizionati, in modo che la reazione interpretativa del lettore non sfugga mai al controllo dell'autore.

Come si è arrivati a questo punto è oggetto di una lunga riflessione di Eco, che ripercorre la storia dell'*opera aperta* dalle pitture rupestri, al barocco, all'impressionismo, passando per il futurismo e il cubismo, all'informale fino all'artista contemporaneo, che "nel dar corpo a un'opera, preveda tra essa, se stesso e il consumatore, un rapporto di non – univocità". L'*apertura* rappresenta quindi un "valore fra i più preziosi della nostra civiltà" che ha preso forma anche grazie alle connessioni tra i vari rami del sapere e le varie attività umane.

Paolo Rosa, rimasto finora in silenzio, vuole aggiungere qualcosa. Il discorso sull'apertura dell'opera d'arte fatto da Eco, se da un lato può sembrare lontano dai temi che si stavano portando avanti, nel tempo ha invece stimolato un bel po' di riflessioni. Anche nel suo rapporto con la tecnologia. L'*opera aperta*, infatti, non può fare a meno dell'innovazione tecnologica contemporanea che, anzi, diventa un elemento fondamentale nella comunicazione di mondi apparentemente lontani. I sistemi di oggi hanno capacità di elaborazione del tutto sconosciute alle avanguardie storiche e a tutti i fenomeni che ne seguirono. Secondo Rosa sono

> sistemi che non si possono più qualificare come mezzi o addirittura utensili, bensì come dispositivi reagenti che hanno la caratteristica di amplificare, trasformare e memorizzare.

La macchina non è più lo strumento o, sarebbe meglio dire, l'utensile per fare arte, ma, invece, trasforma completamente il nostro rapporto con la realtà:

> La tecnologia si è inserita a piena forza nei rapporti di conoscenza confondendo il termine *interattività* con *interazione*. Essa, infatti, oltre ad amplificare ed esaltare varie necessità sociali, si configura come un sistema in grado di far comunicare cose di natura totalmente differente. Inoltre si dimostra capace di rilevare e ordinare tutti i dati generati in un qualsiasi processo di interazione. La tecnologia, in sostanza, è il nuovo strumento a disposizione della ricerca artistica per rivelare gli elementi di un'estetica delle relazioni, oltre che, naturalmente, partecipare a definire un'etica delle stesse. È sotto questo aspetto che anche il ruolo e la figura dell'artista si modifica e tocca un altro punto delicato, divenendo progettista di comportamenti, oltre che di accadimenti.

Accanto alla sperimentazione tecnica, a una ricerca estetica e formale, l'arte si dedica a indagare le mutazioni prodotte dalle tecnologie nelle nostre vite e le trasformazioni sociali in atto. Con *Studio Azzurro*:

> Da qualche anno ci occupiamo principalmente di video-ambientazioni interattive. Esse sono costituite da alcuni dispositivi che, attraverso delle video proiezioni, ci permettono di intervenire in uno

spazio. Facciamo un esempio: avendo a disposizione un luogo in cui sono presenti sei tavoli, è possibile proiettare su ciascun tavolo un oggetto diverso – una candela, una tovaglia, una persona che dorme – senza che gli strumenti tecnologici che proiettano tali figure possano essere visibili in primo piano. In tal modo risulta percepibile unicamente l'effetto della tecnologia e non la sua fonte. In più, tali tecnologie rendono possibile interagire con le diverse figure semplicemente toccandole: non appena vi si pone sopra la propria mano, infatti, esse reagiscono muovendosi in vario modo. Installazioni del genere vengono dette interattive perché creano un ambiente in cui è possibile intervenire insieme ad altre persone per provocare delle trasformazioni e perché danno vita a uno spazio in continua mutazione. Noi lavoriamo usando degli scenari molto familiari, facendo in modo che la tecnologia non risulti ostentata e non si ritrovi a raccontare semplicemente se stessa. In scenari del genere possiamo non solo dialogare con le immagini, ma anche con le persone che ci stanno accanto. È un nuovo modo di presentare un quadro o un'esperienza teatrale senza la presenza di attori reali. Uso il termine esperienza non a caso: partecipando ad installazioni del genere ci si relaziona con elementi virtuali – ovvero le immagini – ma questi elementi virtuali corrispondono ad oggetti di uso quotidiano che non abbiamo ancora imparato a esperire fino in fondo e nel modo giusto. Spesso si sente affermare che la virtualità ci sta usando; in realtà, dobbiamo imparare a utilizzare questi mezzi per dirigerli verso un orizzonte più umano. Opere come quella che vi ho appena descritto sono dei contenitori in cui le persone e gli stessi coautori possono entrare ed esperire trasformando l'opera stessa.

Scienza d'artista

Eccoci arrivati ai giorni nostri. O quasi. Chiudiamo alle nostre spalle le porte delle sale precedenti che ci hanno accompagnato nell'esplorazione delle avanguardie e della ricerca artistica che le ha contraddistinte. Lasciamo dietro di noi le spericolate sperimentazioni del Novecento e concentriamoci sull'oggi. Anche se, prima, sarà meglio fare il punto sugli elementi fondamentali emersi nella nostra recente visita. Abbiamo assistito a un vero e proprio terremoto nel concetto di arte. E dobbiamo necessariamente fare un po' di ordine. Uno a uno i punti fondamentali del processo artistico sono caduti, a cominciare dalla stessa opera d'arte, che ha perso la sua identità e la sua aura.

Punto primo: se con i dadaisti, prima, e con la Pop art, poi, un oggetto della vita quotidiana è diventato opera d'arte, con "la sua riproducibilità tecnica" ha anche perso la sua unicità. Con l'arte cinetica e optical l'opera, poi, ha spesso bisogno dello spettatore per "realizzarsi". È pertanto una, nessuna e centomila assieme. Ed è irripetibile perché le variabili che la compongono sono infinite e difficilmente riproducibili. Che sia il fluire di un liquido in un contenitore o la nostra percezione della luce in un tunnel, ciò che avviene in un determinato istante, davanti ai nostri occhi o dentro la nostra testa, non si può ripetere.

Da cui il punto secondo: anche l'artista si trasforma. E il contatto con il pubblico diventa determinante. Anzi, lo spettatore entra a piè pari nell'opera d'arte. È lui che partecipa alle opere futuriste, alle performance, agli happening del gruppo *Fluxus*, che si immerge letteralmente nell'ambiente creato dall'opera, con le sue sensazioni e percezioni. È lo stesso pubblico che fa muovere gli oggetti, che mette il dito nell'opera per farle prendere vita, per vedere cosa succederà. Insomma, è il pubblico che fa *esperienza*.

L'opera d'arte si apre, come sosteneva Eco. Un'arte hands-on, che rappresenterà un fondamentale anello di congiunzione con i science centre. E sarà semplice constatare, da qui in poi, come i temi al centro della sperimentazione artistica si intersechino con quelli della ricerca scientifica e delle applicazioni tecnologiche. Apriamo la grande porta della nuova sezione che sta per accoglierci, dunque. Basta dare uno sguardo alla selva di cartelli che si pongono dinnanzi ai nostri occhi per capire che siamo precipitati nella contemporaneità più spinta. *Intelligenza e vita artificiali, telepresenza e telerobotica, realtà virtuale, internet, visualizzazione dei dati, attivismo del network, ambienti di gioco e narrazione.* E poi *arte biotech, arte evolutiva* e molto altro ancora. Questo è il mondo che ci aspetta all'interno di questo viaggio, come visitatori, e in cui ci troviamo già sommersi fino al collo, come esseri umani.

Sala 5: Il video sono io

Cominciamo con un assunto fondamentale. Qui, nel mondo d'oggi, è l'elettronica a svolgere un ruolo fondamentale. Lo spazio elettronico, insomma, diventa uno strumento di azione e di interazione. Laddove decenni or sono agiva la macchina, l'interazione con il pubblico era di natura percettiva, psicologica, luminosa, meccanica, ora arriva l'elettronica. Non a caso i *new media*, i computer, i filmati, la televisione, gli strumenti della tecnologia sin dagli albori del loro sviluppo sono stati utilizzati nell'arte per favorire la partecipazione e l'interazione dello spettatore. Nel 1974 Dan Graham mise a punto l'installazione video interattiva *Opposing Mirrors and Video Monitors on Time Delay*: due specchi, due videocamere e due monitor sfasati nel tempo per coinvolgere lo spettatore in un'esperienza sia spaziale che temporale. Nel 1991 nella mostra *Documenta*, a Kassel, l'americano Bruce Nauman presentò *Anthro-Socio*, uno spazio popolato da numerosissimi monitor con il volto di un uomo che urlava una sola frase con disperazione e solitudine: *Help me, hurt me, Sociology - Feed me, eat me, Anthropology.* Nella stessa occasione Tony Oursler proponeva un video fantoccio che si rivolgeva verbalmente e mimicamente all'osservatore, quasi che il mezzo tecnologico volesse aspirare alle fattezze e ai comportamenti di un essere umano.

Oggi, in realtà, sono molte e non sempre così evidenti le connessioni tra arti visive e tecnoscienze. Mai sentito parlare di Arte Evolutiva o Generativa? Sono disegni fatti evolvere al calcolatore grazie ad algoritmi genetici. Ne nascono immagini e mondi artificiali, modificabili dall'utente in tempo reale e controllabili nel loro sviluppo temporale. Se un tempo l'artista tirava lo spettatore dentro la sua opera, ora lo stesso spettatore viene sublimato e digitalizzato dentro a un computer. E così la sua esperienza. Direttamente dalla mostra *eVolution*, tenutasi a Cambridge nel 2004, vogliamo attirare la vostra attenzione su alcune opere in particolare.

La prima si intitola *Bush Soul #3* ed è una creazione di Rebecca Allen. Lo sapete, no, che cos'è un *avatar*? A quanto pare la parola viene dal sanscrito, ma i legami con la tradizione induista finiscono qui. Chi di noi da bambino non ha giocato a essere qualcos'altro? I giochi di ruolo, diventare un eroe da fumetto, un pompiere, una *étoile* della danza, fino a più prosaici miti televisivi, sono stati la base dei passatempi dell'infanzia. Bene, l'avatar è qualcosa di simile, in formato virtuale. È la nostra incarnazione, un personaggio che esiste solo dentro la Rete, con cui ci si presenta agli altri. Nel progetto della Allen il gioco è che lo spettatore-utente controlli il proprio avatar, relazionandosi con gli altri nei modi più diversi. Rebecca Allen, col suo sorriso malandrino, fa capolino dal suo sito e ci spiega:

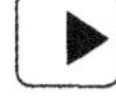

> Il progetto *Emergence*, all'interno del quale si è sviluppato anche *Bush Soul #3* è un software per PC ideato per la creazione di arte interattiva. In questo mondo vi si può entrare in tanti, è un mondo vivo, responsivo e interattivo. Ambienti sociali complessi possono evolversi dall'interazione di semplici comportamenti. *Emergence* offre l'opportunità di esplorare la vita artificiale e la presenza umana creando una forma d'arte che include l'esperienza interattiva.

La seconda opera con cui vi invitiamo a interagire è *Giver of Names* di David Rokeby, un sistema capace di analizzare gli oggetti fisici scelti dai visitatori. Raccogliete da terra una o più delle cianfrusaglie che sono sparse sul terreno e mettetele sul piedistallo vuoto. Una videocamera le farà proprie, le analizzerà nella forma, nel colo-

re, nel materiale che le compone, e le riprodurrà su uno schermo come oggetti virtuali. A quel punto il processo analitico si estenderà in un database di oggetti conosciuti, di idee e sensazioni. Le parole e le idee stimolati dagli oggetti da voi scelti appariranno sullo schermo. Alla fine una frase in perfetto inglese sarà pronunciata ad alta voce dal computer. Non si tratterà della descrizione dell'oggetto ma, allo stesso tempo, non sarà una frase del tutto casuale. Semplicemente descriverà l'esperienza del computer con l'oggetto. Voi scegliete che cosa fargli vedere e l'aggeggio elettronico vi parlerà della sua esperienza. Mr. Rokeby, quella del computer che diavolo di esperienza può mai essere? E l'autore così risponde:

> È un'esperienza per molti versi *aliena*. Per esempio, il computer non ha un'esperienza umana del mondo. Non si è scottato le mani, non si è mai sbucciato le ginocchia, non si è mai arrabbiato, non è mai stato affamato, né innamorato e non ha desiderato qualcosa che non poteva avere. Fa del suo meglio, il massimo che è nelle sue possibilità: parla dell'oggetto dal suo particolare punto di vista. Eppure, se passerete un po' di tempo con *Giver of Names*, troverete delle peculiarità nelle sue espressioni e nelle sue percezioni che cominceranno a confluire in un preciso carattere.

Già, percezioni. Per esplorare la comprensione dell'oggetto e il suo nome, per abbattere i legami tra questi due elementi, per tagliare la relazione tra la cosa e la sua definizione. Perché le definizioni sono facili da usare, ma a volte carenti e fallaci, e impediscono di "vedere". Rokeby, come il duo di cui parleremo qui di seguito, lo ritroveremo spesso nel corso delle nostre future visite.

Forme e linguaggio, forme e sopravvivenza. Terza opera: avete mai pensato di creare delle fantastiche creature semplicemente tratteggiandole con le mani? *A-Volve* di Christa Sommerer e Laurent Mignonneau ve lo consente. Muovendo le dita darete forma a una creatura che assumerà immediatamente tridimensionalità, interagirà con altri esseri all'interno di una piccola piscina di vetro, nuoterà nell'acqua reagendo ai movimenti delle vostre mani. La loro forma determinerà la capacità di sopravvivere e di riprodursi. Di nuovo un'esperienza, questa volta per focalizzare l'attenzione sulla nostra capacità

di influire sugli ecosistemi naturali. Fatti da animali ma anche da vegetali. Come nella quarta opera: *Interactive Plant Growing* della coppia Sammerer-Mignonneau mette in relazione la crescita delle piante virtuali, che avviene in tempo reale nello spazio tridimensionale del computer, con piante realmente esistenti che possono essere toccate o avvicinate dai visitatori. Avvicinandosi alle piante vere o muovendo le mani in direzione di queste, lo spettatore è in grado di influenzare e controllare in tempo reale la crescita virtuale di oltre venticinque piante programmate al computer, che appaiono contemporaneamente su uno schermo posto di fronte al pubblico. Interagendo direttamente con le piante vere, anche lo spettatore diviene parte dell'installazione: può decidere come condurre questo scambio e come avverrà la crescita della pianta sullo schermo. Le modulazioni di distanza delle mani dello spettatore dalle piante influenzeranno direttamente l'aspetto delle piante virtuali, determinando se queste debbano essere felci, muschi, alberi, viti o piante killer.

Un gioco a rimpiattino con la Natura? Un mondo al silicio in cui fare esperienza come padreterno? Tutto questo, sì. E molto altro ancora.

Sala 6: Nuove Creazioni

Instant Places di Maciej Wisniewski è del 2002 ed è definito una *software fiction* in cui, in uno spazio, vivono caratteri autonomi in forma di prede e predatori. Tutti i personaggi sono identificati dalle proprie caratteristiche (nome, luogo, stato di attività). Una carta di identità, insomma. I personaggi comunicano attraverso *instant messaging* e passando da un computer all'altro del *network* di cui fanno parte polverizzano il concetto di spazio fisico. Anche con *Galapagos* di Karl Sims si gioca con un creato artificiale. Questa volta su dodici monitor vengono simulati degli organismi. Il visitatore ne sceglie uno e decide la sua sorte premendo diversi sensori posti su dei pedali. Un'evoluzione darwiniana di tipo interattivo, in sostanza. Senza dimenticare, poi, il gruppo *Plancton* nato a Roma nel 1994, le cui installazioni interattive si occupano di società artificiali, di metafore dell'evoluzione e della comunicazione tra uomo

ed entità digitale. Mauro Annunziato, uno dei fondatori del gruppo, dirige un laboratorio di ricerca dell'ENEA sulle applicazioni della vita artificiale: arte e ricerca scientifica in un connubio che ha dato vita, per esempio, all'installazione *E-Sparks*, un tentativo di spingere quanto più lontano possibile la metafora di una società artificiale in grado di creare autonomamente la propria struttura culturale attraverso l'interazione con gli esseri umani. Nell'installazione, creature digitali 3D sono rappresentate come esseri viventi reali, capaci di evolversi e sviluppare un linguaggio attraverso il quale condividere esperienze comunicative con il pubblico.

Insomma, chiudendo questo nostro breve elenco, se facciamo nostre le definizioni coniate nell'ambito della museologia scientifica e riferita ai musei interattivi di nuova generazione, possiamo urlare a squarciagola gli slogan che ben sintetizzano tutto ciò che stiamo osservando: *Hands on! Mind on! Heart on!* Tecnologia per coinvolgere e interagire con cuore, mente e cervello. Che permette di coniare nomi, e movimenti, tutti nuovi: come l'arte biotelematica, che lega reti digitali e processi biologici, corrente a cui appartengono i già citati Sims, Plancton, Sommerer e Mignonneau. O la Biotech art o Arte transgenica, con organismi viventi creati *ex novo* grazie alle tecniche dell'ingegneria genetica. Insomma, oltre il computer. E dentro la carne.

La coniglietta che vedete zampettare attorno a voi non è il Bianconiglio di Alice. E non borbotta tra sé e sé "È tardi, è tardi", anche se potrebbe. In effetti, forse è già tardi. La tenera Alba, questo è il suo nome, è solo l'inconsapevole protagonista di una discussione che travalica i confini della scienza e dell'arte, e che si getta a capofitto nella società. Alba ha anche un nome d'arte. Anzi, sarebbe meglio dire, un nome come opera d'arte: *GFP Bunny*. Quello in cui vi abbiamo condotto e in cui ci stiamo muovendo è, sì, un luogo magico. Ma il mondo fuori, da cui Alba è scappata per infilarsi tra le nostre gambe, non è il paese delle meraviglie. Alba è  un coniglio albino, una creazione dell'artista Eduardo Kac, artista brasiliano che con il suo coniglio transgenico ha fatto molto discutere. Se illuminato da una particolare luce diventa fosforescente, risplendendo di una bella luce color verde grazie a un gene speciale, la GFP per l'appunto, che arriva dalla medusa. Violento, audace, iconoclasta, per nulla tranquillizzante? Certamente sì. *"Sign of the time"*, si potrebbe dire. Lo stesso Kac, del resto, è l'autore di *Eight Day*, l'ottavo giorno, opera per la quale ha mobilitato un'équipe scientifica dell'Università di Phoenix, che lo ha aiutato a creare un piccolo ecosistema popolato da un robot e da pesci, topi e piante fosforescenti. Giocando con le parole, potremmo chiederci: perché questa... Creazione? Per confrontare quella originale con quella di natura biotecnologia, si potrebbe rispondere.

In verità, c'è, in tutto questo, un cambiamento fondamentale. Che gli artisti si mettessero a trafficare con gli aggeggi propri della tecnologia, come abbiamo visto, non è certo fenomeno esclusivo di questi anni. Oggi, però, sembrano appropriarsi degli strumenti della scienza, ponendosi con le loro sfide artistiche sullo stesso piano di quelle scientifiche. Nel caso di Kac e di molti altri artisti che andremo a conoscere da qui in poi, in uno dei campi scientifici in cui più accese sono state le discussioni dell'opinione pubblica: le biotecnologie (Hauser 2007). George Gessert, altro nome alla ribalta, racconta così la sua passione per questa branca della scienza:

> Le biotecnologie mi affascinano perché ridanno vita quotidianamente a un mito ancestrale: quello del controllo assoluto della vita.

Permetteteci di farvi dono di un iris screziato. Questi bellissimi fiori sono un prodotto di Gessert. Il suo lavoro di creazione genetica è stato documentato passo passo, con le foto.

Marion Laval-Jeantet e Benoit Mangin si sono spinti ancor più in là: un gruppo di ricercatori del MIT di Boston ha prelevato loro un campione di 5 mm di epidermide per poi innestarla sul derma di un maiale e coltivarla in una soluzione di amminoacidi. Un po' di tempo dopo i due artisti hanno potuto utilizzare l'ibrido di pelle così ottenuto tatuandovi sopra immagini di animali come topi, farfalle, ragni. Siete sorpresi? Eppure c'è chi ha fatto ancora di più, creando una Natura del tutto nuova, e questa volta non si tratta di simulazioni al computer. Del resto, così come Duchamp e i suoi *ready-made*, l'artista a volte vuole rappresentare la realtà senza mediazioni rappresentative della realtà stessa. Niente più simulazioni, perciò, l'opera d'arte che si era fatta immateriale riacquista la

sua corporeità. Fatta di cellule, tessuti, sangue, liquidi organici. Le farfalle di Marta de Menezes

portano disegni mai esistiti in natura, sono artificiali, creati da un artista, ma anche naturali: i motivi delle ali sono realizzati infatti attraverso la manipolazione di cellule viventi, senza pitture né incisioni. Le modificazione del disegno delle ali si ottengono infatti manipolando le crisalidi, senza tuttavia che vi sia un intervento sul genotipo dell'insetto.

De Menezes, perché tutto questo?

Ho provato a tradurre il materiale biologico come una nuova forma di arte: DNA, proteine e cellule offrono un'opportunità per esplorare nuove vie di rappresentazione e comunicazione.

Le *bambole semi-viventi della preoccupazione* (ispirate a una tradizione guatemalteca di bambole che durante la notte tolgono ai bimbi i loro problemi) sono una creazione nata all'interno del progetto *Tissue Culture & Art*, sviluppatosi nel 1996 grazie al Laboratorio di ricerca collaborativa tra arte e scienza *SimbioticA* della University of Western Australia. Sono bambole formate da tessuto semivivente coltivato in un utero artificiale. Lo stesso gruppo ha creato bistecche di rana ottenute in laboratorio, senza uccidere nessun animale: suggerendo così una possibile soluzione ecologica ai nostri problemi alimentari.

Sala 7: Questo è un mondo cattivo, Sailor

Prima di allibire davanti a opere certamente non per tutti i gusti, una riflessione si impone. Ciò che questi artisti, spesso con discreto bailamme mediatico, portano davanti ai nostri occhi è ciò che già avviene nella quiete dei laboratori di ricerca. Marshall McLuhan affermava che

gli artisti sono l'antenna della società, gli anticorpi che la società possiede per riuscire ad attutire l'impatto traumatico e spesso spa-

ventoso provocato dall'introduzione di tecnologie sempre più avanzate e in rapidissima evoluzione.

Come è stato spesso scritto a proposito dell'arte biotech, gli artisti non fanno altro che alzare un velo, quello che separa il mondo della ricerca scientifica dalla società. Non è pura denuncia, la loro. Non puntano, semplicemente, il dito contro la società. La bella Lula, che in *Wild at heart* di David Lynch viaggiava per le strade del Nuovo Mondo tra orrore e sogno, mormorava al suo partner in giacca di pelle di serpente: "È un mondo cattivo questo, Sailor, senza pietà, che racchiude dentro di sé un cuore selvaggio". Anche gli artisti, oggi, viaggiano per le strade che si rinnovano a velocità elevatissima, portando alla ribalta le contraddizioni di un mondo spaventoso e bellissimo, intrigante e angosciante, misterioso e affascinante. Che racchiude in sé un cuore selvaggio.

Gli artisti biotech, attraverso gli arnesi del mestiere dei biotecnologi, creano nuova bellezza, nuove possibilità e nuove inquietudini. Per offrire al pubblico l'opportunità di acquisire consapevolezza dei vantaggi e dei rischi, degli aspetti favorevoli e di quelli negativi delle scienze della vita presenti e future. E sollevare questioni etiche e sociali nei confronti degli strumenti scientifici che l'uomo possiede per manipolare la natura. Si tratta di una forma di comunicazione, alternativa a quelle tradizionali, che va quasi a colmare un vuoto esistente nel dialogo tra scienza e società. L'artista si fa comunicatore, insomma, si butta a capofitto nell'attualità. Ed è interessante, a questo proposito, osservare quanto stia accadendo ai giorni nostri con un altro allarme che lega la scienza e la società a doppio filo: quello dell'inquinamento e del clima.

Guardate le foto di Chris Jordan, fotografo di Seattle. Se negli anni Sessanta la Pop art aveva immortalato la cultura americana raffigurando oggetti fatti in serie e prodotti usa e getta, Jordan ci mostra  che fine fanno quei prodotti, una volta gettati. Corredando il tutto con didascalie esplicative. Click. Foto di 426.000 cellulari: sono quelli che finiscono in disuso ogni giorno, sostituiti da altri più moderni e efficienti. Click. Due milioni di bottiglie di plastica: quelle consumate ogni cinque minuti. E poi, pezzi di computer, pile, caricatori di telefonini, circuiti, fogli e bicchieri di carta e molto altro. A guardarli da lontano sembrano dei seducenti quadri astratti. Man mano che l'obiettivo si avvicina, invece, prendono forma per ciò che sono realmente. Montagne di oggetti, già rifiuti o pronti a diventarlo, irriconoscibili nell'accumulo, per immagini "desolanti, macabre, stranamente comiche e ironiche, di una bellezza oscura" (Ramani 2008a).

The Canary Project è stato fondato da Edward Morris e Susannah Sayler a New York, una coppia nel lavoro e nella vita che si definisce "creative director" di un gruppo composto da artisti, consulenti scientifici, ricercatori, volontari, sponsor. Un'organizzazione, la loro, nata nel 2006 per produrre *visual media*, eventi e opere d'arte volti a sensibilizzare il pubblico sui cambiamenti climatici e incentivare la ricerca di possibili soluzioni. Date un'occhiata al loro sito per capire in quante attività sono coinvolti.

Partendo dalla fotografia, dalla sua fondazione *The Canary Project* ha cercato di espandere la sua area di interesse supportando un'ampia varietà di artisti impegnati tra arte ed ecologia.

Ed, perché avete deciso di concentrarvi sul problema del riscaldamento globale?

Come artisti ci sentiamo in qualche modo affascinati dall'incapacità della società di affrontare questo problema. [...] Fondando e facendo crescere *The Canary Project*, siamo sia artisti che attivisti, anche se questi due aspetti del nostro lavoro non vanno sempre d'accordo e, a volte, ci sentiamo un po' schizofrenici.

Scriveva Gore Vidal

Nelle miniere di carbone i minatori portano spesso con sé un canarino. Lo mettono nel pozzo e quello canta. Se per caso smette di cantare, per i minatori è il momento di uscire: l'aria è velenosa. Per me noi scrittori siamo dei canarini.

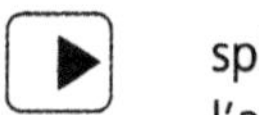

Tramutate la figura dello scrittore in quello dell'artista ed ecco spiegato il nome di questa associazione. Il canarino-artista annusa l'aria che tira, che è sempre più sporca, maleodorante, insalubre.

Però, in questo gioco di ruolo perché l'artista ha voglia di *sporcarsi le mani*? Edward Morris ci risponde subito:

> Crediamo che l'arte abbia un ruolo importante nel sensibilizzare l'opinione pubblica, in particolare quando esiste una stretta collaborazione con altre discipline e alla base c'è un'organizzazione, come *The Canary Project*. L'arte ha la capacità di veicolare nozioni, generare l'attenzione dei media, e creare nello spettatore un coinvolgimento viscerale ed emotivo che può aiutare le persone a meglio capire che noi viviamo dentro la natura e non a fianco, al di sopra o contro di essa.

Artisti e attivisti, si diceva. Che scendono in strada per avvertire del pericolo. Eve S. Mosher ha percorso 70 miglia, tra Brooklyn e Manhattan, tracciando una linea di gesso sull'asfalto, lì dove l'acqua arriverà quando le tempeste si faranno sempre più frequenti e devastanti. *Seeding the city* è uno dei suoi progetti: piccole aree verdi sui tetti delle case, bandiere smeraldo a segnalarne la presenza

> per costruire un *network* nei quartieri, introdurre le problematiche ambientali nelle aree urbane e possibili strumenti per affrontarli,

dice. Vanessa Chimera e Paolo Bertocchi, le strade della Grande Mela le hanno battute per raccogliere ombrelli, gettati via "dopo uno dei tanti terribili acquazzoni che la città dispensa". Nata all'interno del *Bologna Art First* la loro installazione è stata presentata all'aeroporto Marconi agli inizi del 2008. Ombrelli buttati, in un'economia dello spreco che con l'inquinamento va a braccetto. Ombrelli sospesi in aria a formare una nuvola nera, incombente e minacciosa. Capovolti, perché nulla è come prima: ora servono per raccogliere la poca acqua che c'è, pronti però a cadere al suolo, come una bomba, se la Natura bizzarra decide di riversargli addosso improvvisi torrenti di pioggia.

Del resto, in questi sconvolgimenti meteorologici, anche la biologia finisce stravolta: sono stupefacenti animali chimera quelli creati da Rebecca Di Domenico per la mostra *Weather report*. Unendo

le immagini di animali diversi grazie a *Photoshop*, l'artista ha creato una nuova fauna, frutto della fusione di diverse specie, più adatta a resistere ai cambiamenti climatici. L'installazione comprendeva sedici *shapeshifter animals*, così li definisce lei, montati su plexiglass. Dietro ai quali, sul muro, troneggiava l'elica enorme del DNA.

Andrea Polli, invece, fa incetta di suoni. Quelli della natura, che ha raccolto direttamente durante i suoi viaggi al Polo Nord e al Polo Sud. Ma non solo. In *Heat and Heartbeat of the City* ha trasformato i dati dei modelli predittivi sul riscaldamento di New York fino al 2080 in inquietanti fruscii e stridori sempre più intensi man mano che i decenni scorrono. E la temperatura sale. In *Airlight Taipei* ha convertito i dati sull'inquinamento di quella città asiatica in un ritmico pulsare che si modifica durante il giorno. Perché i suoni? Per coinvolgere emozionalmente il pubblico, per trasmettergli l'enorme complessità e l'energia delle forze della Natura

che non possiamo in nessun modo controllare o dominare. Il pianeta sopravviverà agli sconvolgimenti climatici per milioni di anni ancora, in ogni caso.

L'uomo probabilmente no (Ramani 2008b).

Sala 8: Riappendi l'arte al chiodo

Siamo arrivati all'ultima sala di questo seconda sezione, la numero otto. Dopo esperienze di ogni tipo, tutte quelle che vi abbiamo descritto e mostrato fino a ora, oltre, ovviamente, a molte altre che, per ragioni di spazio, non potremo prendere in considerazione, ritorniamo a un oggetto classico dell'arte: il quadro. Le immagini che vedrete nei quadri appesi in questa sala sono solo apparentemente tradizionali: fanno uso, in realtà, delle più moderne tecnologie e mirano a svelare i segreti della scienza e della natura.

Felice Frankel (Frankel 2005) lavora al MIT, il Massachusetts Institute of Technology di Boston. Realizza fotografie, ottenute però con tecniche molto particolari, come lo stereo microscopio e il microscopio complesso. Queste strumentazioni sono in grado di ingrandire di milioni di volte dettagli e superfici. Le immagini della Frankel diventano, così, vere e proprie interpretazioni del mondo che ci circonda, un modo nuovo per farci vedere cose di cui solitamente non ci accorgiamo. Nuovo ma, in qualche misura, concettualmente non inedito. Fin qui gli artisti spesso ci hanno condotto verso terreni sconosciuti e spazi inesplorati, fisici, emozionali, psichici, estetici, con i mezzi che di volta in volta risultavano più adatti o più innovativi. Felice Frankel fa la stessa cosa. Si appropria dei ritrovati della tecnologia per esplorare la bellezza del piccolissimo: particolari nella superficie di metalli, microrganismi, gocce d'acqua, creano immagini che catturano l'essenza della scienza. Solleticando l'occhio e, di conseguenza, la mente, con lo stupore che suscitano. "Ciò che colpisce l'occhio colpisce la mente", insomma. Frankel è un'interessante figura di fotografa-scienziata. Ma non datele dell'artista: non si considera tale. Di formazione è biologa anche se dopo aver lavorato come assistente di laboratorio alla Columbia University si è dedicata alla fotografia, diventando piuttosto famosa come paesaggista. Solo in una fase successiva, grazie a una borsa di studio alla Harvard University Graduate School of Design, ha riscoperto l'originaria passione per la scienza coniugandola con successo all'attività di fotografa. Lei le sue avvincenti opere le descrive così:

> come le equazioni in matematica e le formule strutturali in chimica queste fotografie intendono comunicare idee. Sono una rappresentazione visiva di fenomeni fisici, che celano le ore di riflessione degli scienziati, gli anni di preparazione e una vita di scoperte. Insieme agli scienziati con i quali ho collaborato, abbiamo scoperto la forza che queste rappresentazioni visive portano alla comunicazione e alla chiarificazione della scienza. Non mi considero un'artista perché un'artista ha un punto di vista molto personale e particolare, e comunica quella parte di sé che vuole che il mondo percepisca.

Immagini al posto delle parole in sostanza. Per rapportarci e conoscere la realtà che ci circonda. Non a caso Felice Frankel, così come l'artista che segue, è di casa nei science centre e nei festival

della scienza.

Katinka Matson scruta la natura grazie all'uso dello scanner CCD a letto piano inventato nel 1975 da Ray Kurzweil. Le sue opere ritraggono petali, pistilli, steli, gambi, funghi, in una prospettiva del tutto particolare, che ne rivela consistenza e profondità, luci e ombre, ritmo e movimento. Nuovi colori e nuovi dettagli, minuscoli particolari incorniciati dalla finestra che il computer impone come limite bidimensionale a tanta magnificenza organica.

Nuove tecnologie significano nuove percezioni. Utilizzandole possiamo adeguare i nostri sguardi ai vorticosi progressi della realtà che ci circonda.

Tutto qui? Non esattamente. Dai quadri tecnologici ritorniamo all'arte più tradizionale. Quella da cui, in questo nostro tragitto, abbiamo fatto di tutto per allontanarci. Alla ricerca di un dialogo sempre più stretto tra arte, artista e pubblico. Se è vero, infatti, che l'arte performativa, quella elettronica e quella interattiva hanno indubbiamente offerto grandi possibilità a questo dialogo, non bisogna pensare che siano loro proprietà esclusiva. Quella fisica, insomma, non è l'unica interazione possibile. Forme d'arte più tradizionali, come la pittura e la scultura, possono offrire un coinvolgimento forse meno evidente ma altrettanto importante, proponendo visioni del mondo spesso fortemente poetiche. Se di coinvolgimento emotivo si parla, insomma, non è affatto detto che le arti più tradizionali non possano svolgere il loro ruolo in questa direzione. Un esempio? *Iron Baby* di Antony Gormley, un neonato rannicchiato in posizione fetale, simbolo di fragilità e di estrema dolcezza, accolto nella sezione *Who am I?* della Wellcome Wing del *Science Museum* di Londra. O *Cretti* di Alberto Burri, *Concetto spaziale* di Lucio Fontana, *9mq di pozzanghere* di Pino Pascali: è quanto è stato offerto dalla mostra *Acqua, aria, terra, fuoco - I quattro elementi: l'energia della natura tra arte e scienza*, organizzata da Enel in occasione del Festival della Scienza di Genova 2005. Sì perché è proprio questo il punto a cui vogliamo arrivare: artisti e opere d'arte d'ogni genere, tradizionali e non, sempre più spesso si ritrovano dentro ai science centre. Dalle opere di Marlene Dumas e Marc Quinn alla

Wellcome Wing del *Science Museum* di Londra, a George Gessert all'*Exploratorium* di San Francisco, a Piero Fogliati alla *Cité des Sciences et de l'Industrie* di Parigi, a *Studio Azzurro* e David Rokeby alla *Città della scienza* di Napoli. E potremmo aggiungere tanti altri esempi. Un lungo elenco che lancia un primo rapido sguardo su un panorama variegato e composito, per un bizzarro connubio su cui concentreremo lo sguardo nel prossimo capitolo e in quelli successivi. Dopo tante chiacchiere, insomma, siamo arrivati, finalmente, al punto di incontro, il crocevia che sarà centrale nel nostro percorso futuro. "Rimanete sintonizzati su queste stesse frequenze" direbbe un Dj molto funky. "Non cambiate canale", vi esorterebbe il conduttore TV dal sorriso di plastica. Noi, per fare un passo in avanti, vi chiediamo semplicemente di passare al capitolo successivo. E, così facendo, serrare la porta di questa ultima sala.

Nice to meet you!

Abbiamo cominciato parlando della scienza per poi buttarci a pesce nei percorsi artistici del Novecento, iniziando dagli albori del secolo per arrivare ai giorni nostri. Ci siamo divertiti a democratizzare e smaterializzare nel vedere l'opera d'arte, e a tratteggiare i processi interattivi, partecipativi e relazionali, che hanno contraddistinto la ricerca artistica degli ultimi cento anni. Ovviamente, siamo stati volutamente selettivi: non potevamo, né volevamo, ricostruire tutta la storia dell'arte dell'ultimo secolo nei suoi fenomeni principali e in quelli secondari, con gli innumerevoli rivoli nati dalle correnti maggiori, cresciuti e finiti in secca. Oltretutto, per i nostri scopi, sarebbe stato poco utile.

Tra gli innumerevoli percorsi possibili ne abbiamo scelto uno: quello che, da qui in poi, ci permetterà di uscire dal nostro museo fantastico con un po' di informazioni in più, utili per piombare a piè pari, un po' più preparati, dentro a un'altra realtà. Anzi, a essere precisi, dentro a parecchie realtà, sparse in giro per il mondo, dall'America all'Europa.

Ci chiederete a questo punto di scoprire tutte le nostre carte, e rendere palese il nostro gioco. E noi non ci faremo pregare. Il nostro gioco è attirarvi proprio qui, nel punto d'incrocio tra scienza, comunicazione e arte, sottolineando le istanze comuni che hanno favorito il naturale incontro tra queste realtà apparentemente così lontane. E, per cominciare, facciamo affidamento, di nuovo, su Frank Oppenheimer, ripetendo una frase già citata nel prologo. Ricordate?

L'arte non serve soltanto a rendere tutto più bello, anche se spesso è così. Gli artisti guardano alle cose del mondo con un occhio diverso rispetto ai fisici o ai geologi. Scienza e arte servono per comprendere la natura coinvolgendo le persone. E, mescolandosi, entrano a far parte del processo pedagogico.

Queste parole rappresentano le direttrici che convergono in questo incrocio, in cui confluiscono, in realtà, moltissime strade. Apparentemente distanti, percorse dai diversi protagonisti in momenti diversi. A noi che abbiamo passato in rassegna l'uno e l'altro tragitto mettendo sotto la lente di ingrandimento, come entomologi, le loro peculiarità, non possono essere sfuggite le comunanze d'intenti, i parallelismi, le similitudini. E anche i momenti in cui le due vie si sono già incrociate, in maniera certamente non formalizzata e forse, persino, non cosciente per gli stessi protagonisti. Arte, scienza e tecnologia si erano già mescolate, nel momento stesso in cui, a furia di bizzarrie iconoclaste, gli artisti si erano appropriati del mezzo tecnico e tecnologico, piegandolo ai loro scopi.

Anzi, come abbiamo visto, la macchina, venerata dai futuristi, e i suoi prodotti artistici, sono senza dubbio fra i protagonisti di quel processo di popolarizzazione dell'arte che va di pari passo con la sua riproducibilità. E non occorre andare a scandagliare le più bizzarre sperimentazioni artistiche. L'avvento della fotografia e, soprattutto, del cinema, in questo senso, hanno svolto un ruolo importante. Non solo perché il prodotto dell'arte, il film in questo caso, abbandonava i luoghi della cultura, elitari e inaccessibili a molti, per ficcarsi tra la gente qualunque. Ma perché con il mezzo-cinema si realizza quel fenomeno battuto poi da molti artisti nel corso del Novecento, in cui l'opera cessa di appartenere al suo autore e viene consegnata al pubblico. Che in sala vive, ride, si diverte, si indigna. Partecipando con le proprie emozioni, la propria concentrazione, la propria attenzione a quanto avviene sullo schermo.

Abbiamo volutamente preso qui come esempio il cinema perché è un modello di connubio tra arte e tecnica che tutti conosciamo, che tutti abbiamo sperimentato e che ci offre l'occasione per ritirare fuori le prime parole chiave – esperienza e partecipazione – che ci hanno portato dritti a questo incrocio. Incrocio in cui potete vedere arrivare code di scienziati, comunicatori e artisti, che da qui in poi si confonderanno tra loro, al punto che, visti da dietro, non saprete più riconoscere l'uno dall'altro. Ben presto, in realtà, non potrete più distinguerli dalla massa di persone comuni, impiegati, manager, insegnanti, attori, operai, presentatori, bambini, musicisti, studenti, domatori di elefanti, politici, giornalisti, religiosi, intellettuali, artigiani, giardinieri, massaie, pastori, mangiatori di spade, militari di carriera, agricoltori, danzatori di tango. Maschi e femmine, giovani e meno giovani. Che sgorgano dalle altre vie di comunicazione, interagiscono l'un l'altro, sfrecciano di qua e di là, prima di imboccare strade che li porteranno fuori dalla nostra vista. Una massa di gente, disordinata, rumorosa, multietnica, variopinta, multilingue. Che è un altro importante protagonista di questo nostro viaggio. Anzi, potremmo quasi definirlo, *il protagonista*. Questo luogo d'incontro in cui confluiscono tutte le strade potremmo chiamarlo *società*. Un luogo comune in cui gli individui portano le proprie istanze, il proprio bagaglio di conoscenze, pensieri, opinioni, richieste. In cui tutti si muovono, attori su un enorme palcoscenico.

Indovina chi viene a cena

Anche lo scienziato e l'artista sono arrivati, in momenti diversi, a quell'incrocio di strade. Anche loro sono oggi protagonisti su quel palcoscenico. Anche loro si muovono, interagiscono, si interrogano, rispondono alle domande, pensano, interpretano. Né l'uno né l'altro possono ignorare di essere arrivati in questa sorta di agorà, nella piazza principale in cui la società si riversa. A volte per volontà propria, a volte controvoglia.

Ora, in quella caotica marmaglia abbiamo scelto un rappresentante degli scienziati, che abbiamo chiamato Signor Scienziato. Uno degli artisti, il Signor Artista. E, uno, dalla società. Il Signor Società, *ça va sans dire*. Nel nostro prologo, ricorderete, abbiamo messo intorno a un tavolo il Signor Artista e il Signor Scienziato, più un altro commensale dalle caratteristiche meno definite che, era, per l'appunto, il pubblico. Il nostro riferimento alla tavola non voleva essere casuale. L'avrete sperimentato anche voi. Quando si è intorno a un tavolo, è praticamente impossibile ignorare chi ci sta a fianco o davanti. Come quando, ai matrimoni, gli sposi hanno deciso per noi il posto. E ci troviamo assieme a perfetti sconosciuti con cui dovremo avere a che fare per l'intero pomeriggio. Volenti o nolenti. Bell'affare, davvero.

Lo Scienziato si trova quindi davanti al Signor Società e deve averci a che fare. Spesso, abbiamo già detto, controvoglia. Belli davvero i tempi in cui la scienza veniva guardata con massimo rispetto, in cui i lumi della ragione sembravano uno straordinario vascello avviato verso terre remote ma certamente ricche di frutti, sconosciuti ma prelibati, che avrebbero saputo saziare tutti. Beati quei momenti in cui la tecnica, la macchina, il progresso, la modernità facevano marciare il mondo a un ritmo metallico, rischiarandolo di lumi questa volta perfettamente artificiali. Quando la medicina sapeva proporre ricercatori-eroi a cui oggi intitoliamo ospedali e istituti di ricerca, che nel giro di un secolo avevano saputo trovare straordinari rimedi contro malattie vecchie come l'uomo. Scrive Bruna De Marchi:

Il nuovo secolo, il XX, si era annunciato con strabilianti scoperte e altrettanto strabilianti applicazioni: la luce elettrica che illuminava le strade di molte città era forse quella che più colpiva l'immaginario collettivo.

Questo era l'inizio, dunque. Oggi, a distanza di 100 anni il bilancio parla di una crescita impressionante:

La scienza ha compiuto progressi difficilmente immaginabili anche solo pochi decenni fa e nel corso del suo recente e sempre più accelerato sviluppo è radicalmente cambiata: per la qualità, quantità e origine dei mezzi finanziari e delle risorse in essa convogliate, per il numero e il tipo di persone che, in diversi ruoli, si dedicano all'impresa scientifica e anche, e forse soprattutto, per il tipo di problemi che è chiamata ad affrontare.

Nell'era della post-modernità

la biologia ha soppiantato la fisica come esempio paradigmatico di scienza; l'idea di scoperta e di invenzione si confondono, anche grazie all'estensione della pratica della brevettabilità al mondo della vita.

La post-modernità richiede alla scienza di dedicarsi non solo a scoprire e inventare, ma anche a *rimediare*. Oggi, fra i problemi più urgenti ci sono quelli ambientali:

L'esaurirsi o impoverirsi di risorse vitali, l'inquinamento e la gestione dei rifiuti, il cambiamento climatico, l'apparire di nuove malattie e il diffondersi di nuove epidemie, la perdita di varietà biologica, la scomparsa di interi ecosistemi, l'intensificarsi e moltiplicarsi di fenomeni fisici con impatti devastanti sui sistemi umani e così via.

Lo scienziato non è più fuori dalla società, ma ci si ritrova, anzi, immerso fino al collo. Perché gli occhi dell'opinione pubblica e i mezzi di comunicazione offrono una fenomenale ma assai ambigua cassa di risonanza al suo lavoro. Perché le stesse ricerche scientifiche devono sottostare oggi ai meccanismi della comunicazione, al punto che già si parla di marketing scientifico: per essere una notizia ed essere ripresa dai media, come tale deve essere confezionata. E lo scienziato deve adeguarsi. Perché scienza, tecnologia, economia e politica si incrociano sempre più spesso. Perché la scienza e la tecnologia devono sottostare a finanziamenti che sono pubblici ma anche privati, con tutto ciò che ne consegue. Ma anche perché il suo lavoro passa sotto il giudizio di gruppi di individui che hanno voce in capitolo anche se non possiedono gli stessi strumenti culturali degli scienziati. Siano essi gruppi religiosi o politici, movimenti ambientalisti o di consumatori. Perché gli allarmi sanitari possono avere ripercussioni inimmaginabili. Perché gli investimenti in ricerca e sviluppo sono fondamentali per il progresso e perché la conoscenza scientifica oggi è un patrimonio essenziale per lo sviluppo culturale, sociale ed economico dei paesi. Sulla ricerca e sviluppo in campo tecnico e scientifico si gioca e si giocherà sempre più il futuro delle nostre economie.

E il Signor Società? Per gli stessi motivi, uguali e contrari a quelli espressi qui sopra, non può più ignorare lo Scienziato. Lo farebbe volentieri, sia chiaro. Tutto troppo difficile: formule, concetti, un sacco da pensare. Roba fatta per i *nerd*. Occorre esserci tagliati per quelle cose. Si può vivere, anche benissimo, senza sapere nulla di chimica, di fisica, di biologia, l'avrete sentito ripetere mille volte. Eppure non è tutto così semplice. Come la mettiamo con l'inquinamento? E con l'effetto serra? E con gli OGM? E la fecondazione artificiale? E le malattie infettive, dall'Aids allo spettro aviaria? E con le fonti di energia che si stanno esaurendo? Possibile che davanti a tutto questo, che ci riguarda e ci spaventa moltissimo, l'unica soluzione sia dichiarare "Non me ne intendo? Deciderà qualcun altro, speriamo per il meglio?" Eppure la parola rischio si nasconde sotto ogni sasso. Rischio noto, rischio solo percepito, ma anche del tutto ignoto, almeno per il momento. Rischio a cui la società è peraltro legata a doppio filo. Scrive Bruna de Marchi che molti di questi problemi

> hanno una forte componente antropica e sono strettamente connessi a stili di vita consentiti e favoriti proprio dal progresso scientifico. In molte parti del pianeta la speranza di vita individuale è aumentata considerevolmente, le carestie sono scomparse e perfino i conflitti più violenti sono stati evitati. Nel contempo il sistema umano nel suo insieme appare esposto a moltissimi rischi e la sua resilienza globale è condizionata da vulnerabilità locali molto accentuate. Le questioni distributive entrano inevitabilmente nel discorso sul progresso, e non solo per ragioni etiche.

Dalla fiducia incondizionata al sospetto perenne il passo è breve. Quando si dà molto credito a qualcuno e questo qualcuno ci delude, è difficile poi rimettergli in mano il nostro destino a cuor leggero. Nel rapporto tra pubblico e scienza è un po' così che è andata. E mettere le cose a posto è difficilissimo.

Scusate il disturbo

A questo punto, viene da chiedersi, davanti a questi po' po' di problemi che, è il caso di dirlo, abbiamo gettato sul piatto, che ci sta a fare l'artista seduto a questo tavolo? Per capirlo occorre riprendere l'idea iniziale di Oppenheimer, quella che ha guidato la nascita della sua creatura. Che, in qualche maniera, oggi sostituisce spesso la tavola a cui si sono seduti i nostri protagonisti. O quell'incrocio in cui arrivano tutte le strade, quell'agorà di cui parlavamo più sopra. Non è questo l'unico luogo in cui ciò accade. Ma certamente è uno dei più attivi in questo senso. Anche se non è sempre stato così. All'inizio, la fisica la faceva da padrona. Con un papà come quello, non c'è da stupirsi, del resto. Gli oggetti, gli *exhibit* che venivano proposti erano quasi sempre dedicati a questa branca della scienza. Anche se, ovviamente, la struttura science centre conteneva nelle sue fondamenta, nei muri, nell'aria che vi si respirava l'idea di un contatto ravvicinato con il pubblico. Un terreno fertilissimo in cui il fiore del dialogo poteva crescere senza paura. Così, mentre gli interrogativi legati alla scienza e alle sue applicazioni dilagavano, spingendo quei protagonisti verso la piazza, per incontrarsi e confrontarsi l'un l'altro, il science centre non è stato a guardare. Diventando, anzi, uno dei luoghi ideali in cui mettere a confronto tutti, cercando di far crescere lo scambio tra scienza e società. Perché entrambe possano trarne giovamento: la scienza ha bisogno di andare incontro al suo pubblico e, d'altra parte, il pubblico deve cominciare a possedere strumenti nuovi, che sono, certo, strumenti culturali, ma anche di giudizio e di discernimento.

Nei science centre è la scienza a cambiare faccia, lasciando da parte ogni snobismo. Come abbiamo detto, scendendo dal proprio piedistallo e facendosi democratica. Ripetiamo queste parole perché non può non colpire il fatto che, parecchi decenni prima, l'arte abbia intrapreso lo stesso percorso. Spinta da un afflato di democratizzazione aveva abbattuto le barriere che la separavano dal pubblico. Con gran forza iconoclasta. Una forza che è comune anche alla scelta di Opphenaimer, sia chiaro. Perché l'operazione da lui intrapresa aveva in sé caratteristiche rivoluzionarie. Cambiare i connotati alla scienza, offrirla al pubblico sotto una luce del tutto diversa, giocosa anziché altera, colorata anziché solenne, facile anziché difficile, pop anziché d'élite, quotidiana e riconoscibile anziché lontana e misteriosa, puntare sulle idee perché le cose verranno poi non era uno sconvolgimento da poco. Nei science centre concetti centrali erano e sono l'esperienza, il contatto, l'interazione. Lo spettatore non guarda più decine di farfalle infilzate con gli spilli e messe in fila dentro una bacheca, i fossili raccolti ordinati per era geologica, gli animali preistorici ricostruiti perfettamente. Ma tocca, guarda, gioca, prova, osserva, deduce, fa. L'arte, come abbiamo visto, ha intrapreso un percorso del tutto analogo. Anche in quel caso, il quadro appeso alla parete, la scultura sul piedistallo da guardare e non toccare vengono sostituiti da performance in cui lo stesso pubblico è coinvolto, pubblico che entra a far parte non solo dell'opera d'arte ma dell'arte in generale, che non riguarda più solo l'artista e un ristretto gruppo di appassionati iniziati. I tradizionali manufatti dell'arte da osservare in silenzio nelle gallerie sono sostituiti da oggetti che si muovono, si animano grazie all'intervento del visitatore. Il gesto è esso stesso importantissimo, l'interazione con la cosa artistica, sia essa di carattere fisico o psicologico, diventa fondamentale. Così come è fondamentale con gli exhibit hands-on.

Il carattere giocoso, il non prendersi troppo sul serio è comune all'uno e all'altro ambito. L'arte è gioco, il gioco è, anche, libertà. Nei science centre la scienza è gioco e, come tale, deve lasciare libero il visitatore di fare o non fare. Di passare mezz'ora a premere un bottone, così come di scivolare via tra una postazione e l'altra senza degnarle di uno sguardo. Deve vivere la sua esperienza in totale autonomia, senza costrizioni di sorta. Esperienza che è parola condivisa anche con le opere d'arte. Anzi, l'esperienza del visitatore diventa elemento sempre più centrale nella loro stessa costruzione. *Opera aperta*, ricordate le parole di Eco? Se in un quadro del Settecento veniva mostrata la Venezia fatta di gondole e canali, lo spettatore poteva forse emozionarsi per la bellezza del dipinto, o per ciò che rappresentava. Ma il coinvolgimento era limitato a queste sfere. Un secolo più tardi, le cose cambiavano con un quadro impressionista: *Impression, Soleil levant* di Monet era, per l'appunto, un'impressione, una magia di colori che creavano nello spettatore una suggestione. I quadri astratti dei primi Novecento entravano dritti nell'inconscio di chi osservava. A ogni buon conto, in tutti questi casi, era la vista l'unico senso stimolato. Come abbiamo già notato, per esempio con *Ambiente spaziale* di Lucio Fontana, con l'avanzare del secolo nuovo, stuzzicare un senso non basta più. L'artista costruisce ambienti fatti apposta per coinvolgere lo spettatore in esperienze immersive, a cinque sensi. Le sue sensazioni diventano protagoniste assolute. Se prima rimanevano rinchiuse nell'animo del visitatore, oggi si concretizzano in movimenti, luci, suoni nei lavori di molti artisti contemporanei. Ecco così che, nell'*Oracolo-Ulisse* di Mario Canali, la persona, seduta su un vascello-trono, intraprende un'avventura del tutto personale, che ha il sapore del viaggio interiore. Musica, immagini e suoni si modificano in base ai suoi parametri biologici – come il battito cardiaco – ai

movimenti della mano e alla posizione in cui è seduta. In *Neuronde*, invece, sono le onde cerebrali a modificare l'ambiente circostante. Attorno al seggio dove si colloca il visitatore sono appese vele di seta, disposte in modo da sottolineare la differenza tra i due emisferi cerebrali: il pensiero sintetico e intuitivo dell'emisfero destro è rappresentato da tre ampie vele, quello logico e analitico del lato sinistro da una serie di strisce di tessuto che configurano una maggiore varietà di forme. Vento, fumo, suoni e colori immergono la persona all'interno di ambientazioni create dalla sua stessa mente. "Lo spettatore", recita la presentazione, "trova in se stesso il proprio autore". Continua Canali:

> Queste installazioni sono navi che entrano nel territorio dell'immaginazione, creando un'opera d'arte assolutamente personale. Allo stesso tempo, però, spingono a esplorare quei luoghi della mente, prima spazio esclusivo di filosofia o metafisica, di cui anche la scienza comincia oggi a occuparsi.

Se a essere al centro dell'attenzione è l'esperienza, infatti, l'esperienza del visitatore diventa protagonista. Lavorando sulle sue sensazioni, sulle sue emozioni. Solleticando corde segrete, facendo risuonare lontane eco nelle stanze della nostra mente, offrendo nuovi punti di vista e, anche, perché no, occasioni di divertimento, curiosità, indignazione, provocazione. Sia che ci si trovi davanti a un'opera d'arte sia che ci si stia riferendo all'exhibit di un science centre. Ricordiamo qui uno dei sette punti di Gregory:

> Più si sarà divertito, più l'oggetto avrà saputo attirare la sua curiosità, il suo interesse, tanto più il visitatore sarà toccato intimamente dall'esperienza, tanto più in profondità si istilleranno nuove domande e, perché no, nuove risposte.

Acquisiscono così significato anche lo spiazzamento, la sorpresa, l'elemento inaspettato e i loro effetti sulla nostra mente, la nostra immaginazione, la nostra fantasia. E il nostro apprendimento. Un piccolo esperimento che non vuole essere autoreferenziale: nelle pagine precedenti, lo ricorderete, abbiamo parlato della moltitudine di persone che si riversano nella grande piazza-società. Abbiamo elencato una serie di professioni: siamo certi che il vostro sguardo è corso veloce da impiegati a studenti, tanto le professioni sono sempre le stesse, no? ma si è arrestato, almeno per una frazione di secondo, con un piccolo *gulp*! di sorpresa davanti ai domatori di elefanti, così come avrà tirato dritto sui politici, i giornalisti e gli intellettuali (come darvi torto?) e vi sarà scappato un altro mezzo *gasp*! davanti ai mangiatori di spade e ai danzatori di tango. Non si tratta, va detto subito, solo, di ilare follia da parte di chi scrive. Anche se, non ve lo nascondiamo, riteniamo che ogni tanto un po' di movimento sia necessario: Tanto per evitare che le vostre palpebre si socchiudano dolcemente sulla ninna nanna delle nostre parole. Ma, anche, di un preciso obiettivo: quello di comunicarvi l'estrema eterogeneità dei protagonisti che compongono la società civile, ogni individuo diversissimo dall'altro. Consci che non avremmo potuto elencarli tutti, abbiamo puntato sull'effetto sorpresa, dando un sussulto a un elenco che altrimenti avreste certamente dimenticato dopo qualche frazione di secondo. Abbiamo tentato, in sostanza, di comunicare un concetto dandovi una piccola scossa intellettuale, spiazzandovi un po', rischiando di passare per sciocchi, anche. E utilizzando un approccio che ha reso però meno barbosa e, speriamo, un pizzico più efficace la comunicazione. Un po' quello che avviene anche dentro alle sale di un science centre, in cui prevale la volontà di esplorare vie inedite nella comunicazione, offrendo, anche, sguardi che arrivino da altri mondi, a volte irritanti, a volte divertenti, ma anche misteriosi, bizzarri, arroganti, bislacchi, strani, originali, nuovi. In una parola: diversi. Ed ecco perché anche l'oggetto artistico può entrare a pieno titolo dentro i musei della scienza, e nei science centre in particolare. Con una partecipazione che riguarda i sensi oltre alla mente, insomma, la comunicazione può diventare ancora più efficace. In questo percorso l'arte, che va a toccare delle corde intime e private, ha potenzialità straordinarie, che oggi, non a caso, vengono ampiamente sperimentate in musei scientifici e mostre. L'arte offre la possibilità di esplorare e attivare nuove emozioni, interpretazioni del reale e processi di relazione, che favoriscono l'apprendimento e la comprensione dei fenomeni scientifici. Allo stesso tempo all'artista vengono offerti nuovi spunti per uscire da regole consolidate, per liberarsi dalle convenzioni e confrontarsi con una realtà estremamente vivace e dinamica. Specie se tra gli uomini d'arte e quelli di scienza si stabiliscono sinergie per la messa a punto di progetti comuni.

Senza contare che l'artista vive all'interno di quella società in cui si muovono tutti gli altri attori. Da un certo punto in poi l'arte si è portata in mezzo alla gente? L'artista è esso stesso parte di quella enorme piazza piena zeppa di figure diverse? Ebbene, in questa situazione è impensabile che, in base alla sua sensibilità, ai suoi umori, al suo approccio alle cose e all'esistenza, il signor Artista non osservi le cose della scienza. Le sue frontiere, le sue possibili conseguenze, le sue controversie sono un interrogativo aperto nella nostra società. La bioingegneria, la genetica, l'effetto serra, l'ecologia sono argomenti che riempiono i giornali. Mondi reali e mondi virtuali oggi si intersecano e si confondono. Le identità si perdono varcando il confine dello schermo di un computer o si cercano dentro al cervello, nuova sfera di cristallo in cui individuare le risposte che la genetica non è, ancora, riuscita a dare.

L'artista vive i sintomi di questo disorientamento, facendosene primo interprete. E, allo stesso tempo, primo fruitore. Nel dibattito sulle connessioni tra scienza e società, in quella agorà in cui società civile e mondo scientifico si confrontano, anche l'Artista ha molto da dire. E vede, prevede, interpreta, esprime la sua visione del mondo. Ecco perché già nel nostro prologo l'abbiamo fatto accomodare al tavolo. Ed ecco perché le opere d'arte vengono utilizzate in contesti di comunicazione scientifica. A volte molto simili a un exhibit hands-on. Altre volte con opere più tradizionali. O con interventi di tipo partecipativo, in cui la stessa discussione su temi scottanti, legati alla scienza e alle sue problematiche, si trasforma in vere performance: dibattendo di scienza con le modalità che l'arte ha creato e promosso. Del resto è vero che l'arte con tutte le sue opportunità può offrire un vastissimo scenario, cui attingere scegliendo di volta in volta l'approccio più adatto: da quelli di frontiera ai più classici. E sta, spesso, nell'attenzione e nella lungimiranza dell'organizzatore di un evento o di una mostra saper scegliere opere d'arte anche le più classiche per le suggestioni che sanno evocare nello spettatore, per il loro impatto subconscio, miscelando culture diverse, offrendo al pubblico non più un'esperienza, ma più esperienze che agiscono a livelli diversi dell'attenzione, della percezione, della comprensione, dell'emozione.

Sono ormai moltissime le attività in questo senso, in Italia e all'estero. Dentro ai science centre prima di tutto, ma anche in musei di vario tipo e natura, festival, eventi legati alla scienza. Esperienze diverse, spesso disordinate e poco omogenee, in cui è estremamente difficile trovare un *file rouge*, anche all'interno delle stesse istituzioni. Ma questo non dovrebbe sorprenderci più di tanto, visto quanto detto finora. Il disordine è creativo, no? Si dice così. E l'abbiamo dimostrato. Anzi, possiamo dire senza troppa paura di essere smentiti, che è programmatico.

Uno sguardo d'insieme, che unisca i lavori più rilevanti, certamente manca. Il nostro tentativo sarà offrire un panorama delle esperienze più interessanti che si sono avvicendate nel rapporto tra arte, scienza e comunicazione, con particolare attenzione ad alcuni musei. Pertanto questo è il momento di abbandonare i luoghi della fantasia per immergerci in altri posti, perfettamente reali, in giro per il mondo. Dove molte esperienze sono già state fatte, altre sono in corso, altre ancora si faranno assai presto. Sarà nostro compito descrivervi tutto ciò che di significativo in quei luoghi è successo e sta succedendo. Sarà come esserci davvero. Be', quasi…

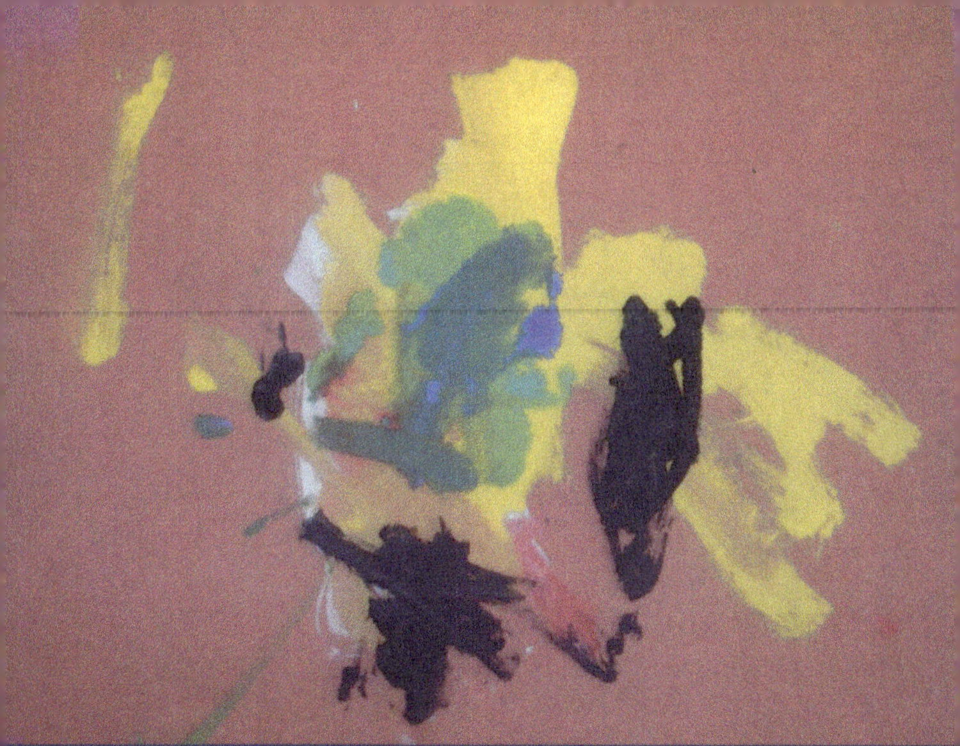

Museo Tridentino
di Scienze Naturali - Trento
Dipinto dello scimpanzé Congo
con la supervisione
di Desmond Morris, 1957,
in *La Scimmia Nuda.*
Storia naturale dell'umanità,
2007-2008.
Courtesy Museo Tridentino
di Scienze Naturali

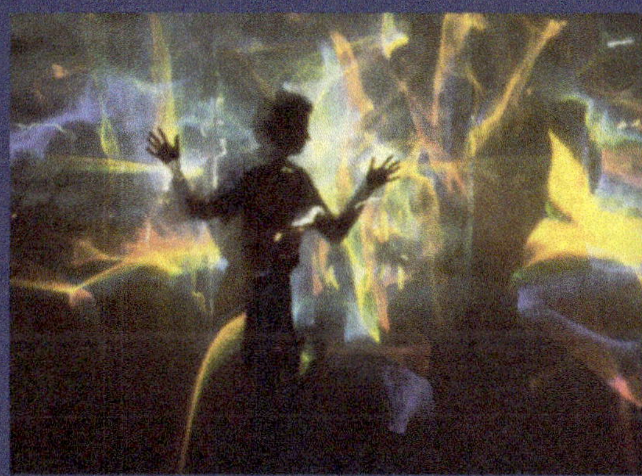

Exploratorium, San Francisco
Bob Miller, *Sun Painting*
Courtesy The Exploratorium

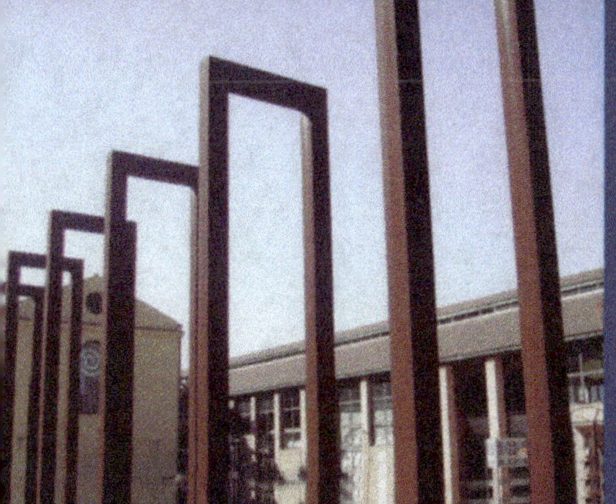

Fondazione IDIS
Città della Scienza - Napoli
Dani Karavan, *La Via della Conoscenza*, 2001
Courtesy Fondazione IDIS
Città della Scienza

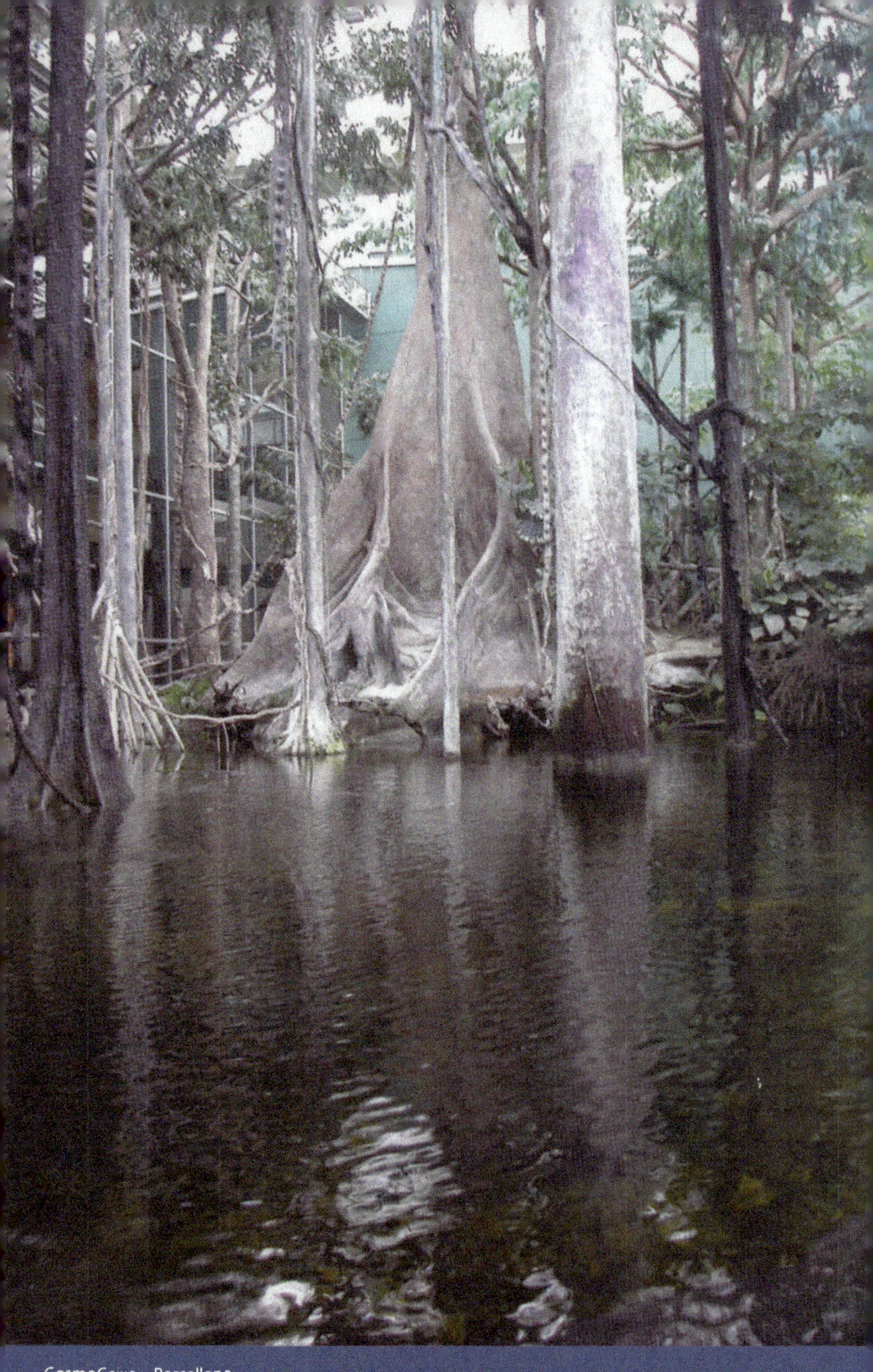

CosmoCaixa - Barcellona
Il bosco inondato, riproduzione della Foresta Amazzonica
Courtesy Giovanni Berisio

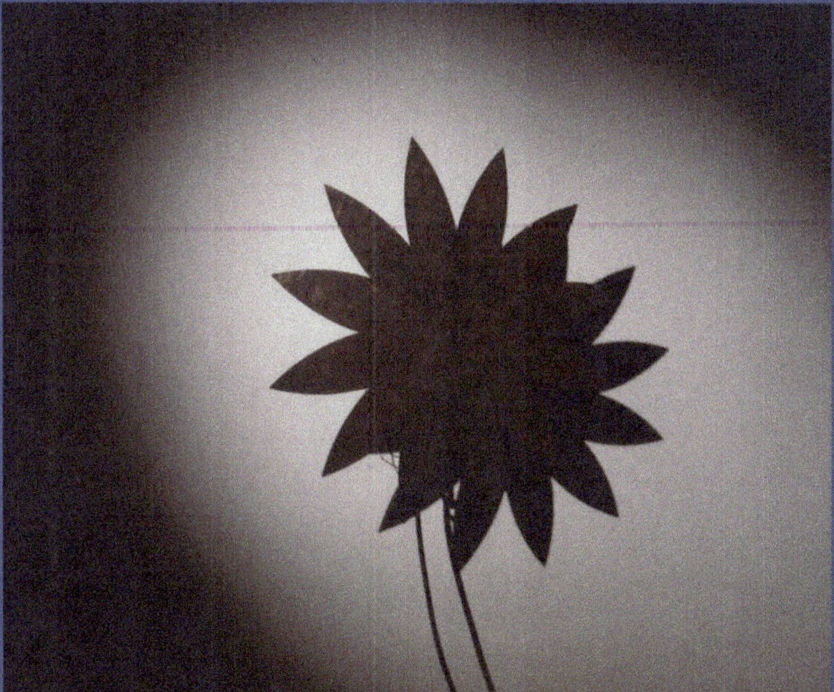

Festival della Scienza - Genova
Jannis Kounellis, *Margherita di fuoco*, 1967
in *Acqua, Aria, Terra, Fuoco*
Courtesy Giovanni Berisio

Cité des Sciences et de l'Industrie - Parigi
Piero Fogliati, in *Jeux de lumière*
Courtesy Galleria Claudio Bottello contemporary di Torino

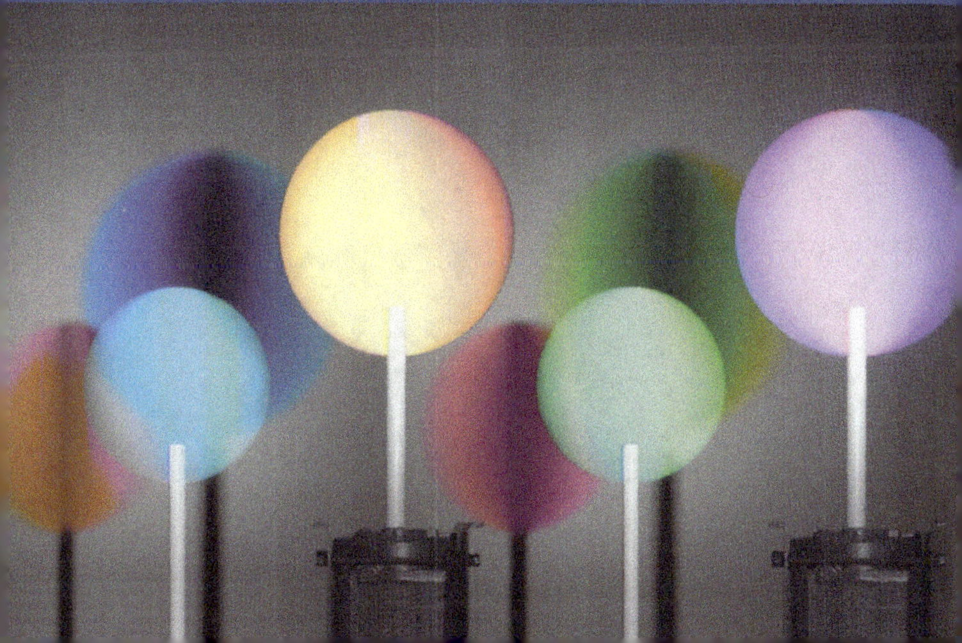

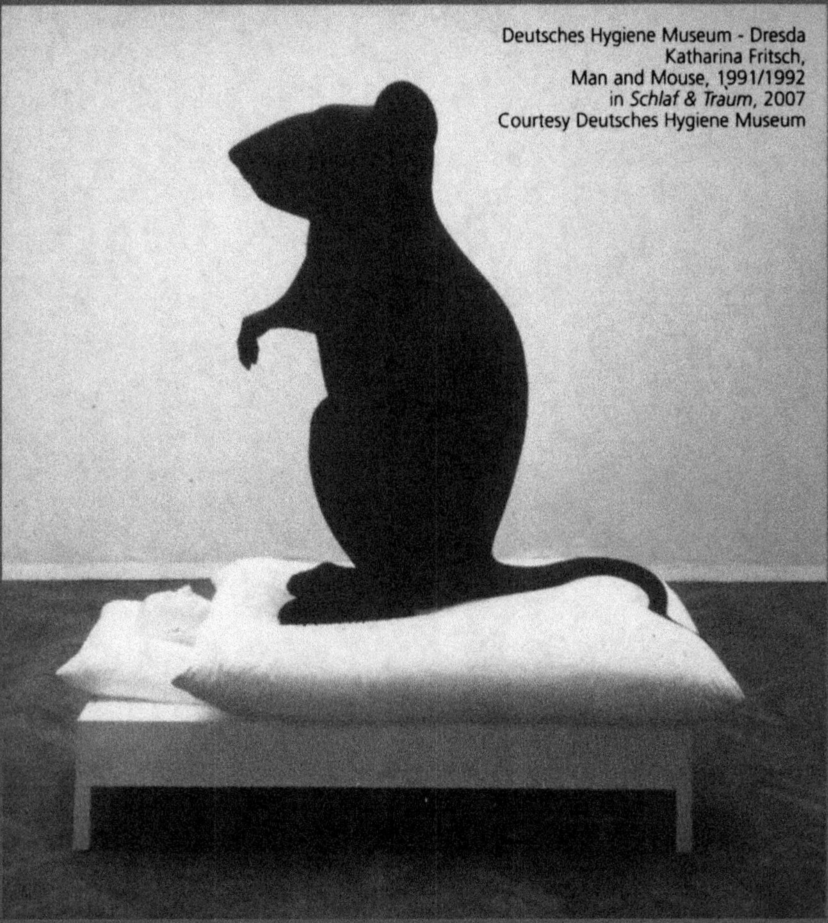

Deutsches Hygiene Museum - Dresda
Katharina Fritsch,
Man and Mouse, 1991/1992
in *Schlaf & Traum*, 2007
Courtesy Deutsches Hygiene Museum

Science Museum - Londra
Antony Gormley,
Iron Baby, 1999,
Who I Am, Wellcome Wing
Courtesy Antony Gormley

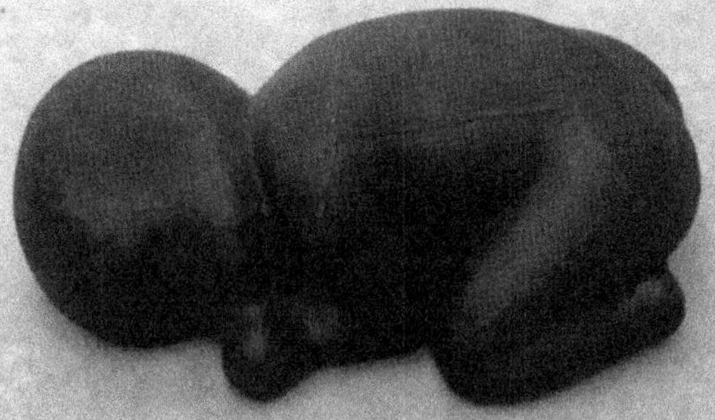

Giro girotondo
(E mani fuori dalle tasche)

Arrivati a questo punto fermiamoci per un secondo. "Ma come", direte voi "noi eravamo già pronti a spiccare il salto, a immergerci in nuove realtà cosmopolite, le nostre fantastiche valigie erano già pronte, e ora ci date lo stop?". Sì, in effetti, dobbiamo convenire con voi che la mossa è un po' scorretta. Però, prima di partire alla volta delle sette destinazioni in programma, dobbiamo rivolgervi un invito. Il materiale che troverete qui di seguito è frutto di un lavoro di ricerca fatto di viaggi, esperienze, letture, studio, passione, curiosità. Raccolto con l'ambizione di stuzzicare il vostro interesse, di farvi mettere il naso in luoghi anche assai lontani, di farvi prender gusto, di farvi conoscere il grandissimo lavoro che museologi, scienziati, artisti, e gli staff di queste realtà hanno fatto in questi anni con lo scopo di rendere piacevole, interessante e formativa l'esperienza dentro al museo. C'è la volontà, da parte nostra, di farvi conoscere un po' questi luoghi e le loro attività. Anche se non potremo, evidentemente, essere esaurienti: del resto, alcuni di questi musei hanno una storia ormai piuttosto lunga. E raccontarla tutta richiederebbe un libro per ciascuno di essi. Per questo ci concentreremo su quelle attività che, nelle singole esperienze, hanno visto il connubio tra arte e scienza, nelle esposizioni permanenti e in quelle temporanee, nei concorsi, nei festival, nelle mille attività che questi musei hanno organizzato.

Se saremo stati bravi il risultato sarà che, come degli sfortunati ospiti convenuti al nostro desco, la vostra fame (di notizie e informazioni) aumenterà. Insomma, questo pranzo a cui vi abbiamo invitato vi farà alzare da tavola con un bel po' di appetito.

Se vorrete approfondire, comodamente seduti nella vostra poltrona, potrete far uso degli strumenti che noi stessi abbiamo raccolto per descrivere queste realtà. Se è vero che oggi il web fornisce uno straordinario bacino di informazioni per trovare tutto su qualunque cosa, l'invito che vi rivolgiamo è quello di visitare i siti dei musei che andremo a presentarvi. Gli indirizzi, li troverete online alla pagina http://www.springer.com/978-88-470-0829-8, nella sitografia che abbiamo là raccolto. In questi siti, con una grafica spesso assai colorata e divertente, incapperete in una valanga di informazioni (date, appuntamenti, contenuti, storia, immagini, descrizioni, *concept*, architettura e chi più ne ha più ne metta), che colmeranno dapprincipio il vostro appetito di conoscenza che noi abbiamo solo stuzzicato. Ma solo dapprincipio, ci auguriamo. Perché ci piacerebbe che, subito dopo, nascesse l'appetito per l'esperienza, quella da vivere entrando nelle grandi sale dell'*Exploratorium* e della *Cité de la science et de l'industrie*, del *Science Museum* di Londra o dell'*Hygiene museum* di Dresda, del *CosmoCaixa* di Barcellona, dell'*Ars Electronica*, dell'*Ontario Science Centre*. O di una delle realtà italiane chi vi presenteremo nella parte immediatamente successiva, *Città della Scienza* di Napoli, per esempio, ma anche il *Museo Tridentino di Scienze Naturali* di Trento.

L'invito, insomma, è di programmare una bella gita, vera, in uno di questi posti: per lasciarvi ammaliare e coinvolgere nelle loro attività. E per sedervi, così, al tavolo con l'artista e lo scienziato. Un'avvertenza, però, è d'obbligo. Non sperate che questi due vi siano di grande aiuto. Le loro risposte producono sempre nuove domande, è il loro stile. E poi, anche loro, ve lo abbiamo anticipato dall'inizio, stanno finendo la fase di rodaggio l'uno a fianco all'altro, scrutandosi e interrogandosi a vicenda. Per cui, anche in questo caso, sarete costretti ad alzarvi da tavola con una gran fame (di conoscenza). Anche stavolta, inoltre, se appena chiusa la porta del museo vi proclamerete soddisfatti, certo, e divertiti, anche, ma accidenti! con un bel po' di nuove domande, farete la gioia degli organizzatori. Che, davanti alla vostra faccia assai contenta e alla vostra soddisfazione di aver esplorato e compreso cose nuove, davanti ai vostri punti interrogativi tutti nuovi, ai vostri "Mi piacerebbe capire meglio...", ai perplessi "Ma...", ai meditabondi "Se...", ai polemici "Però...", si daranno delle gran pacche sulle spalle soddisfatti, e si stringeranno la mano l'un l'altro, e si lasceranno andare persino a degli *Yuppie!* entusiasti. Anche il duo che sta dietro a tutte queste parole, i sottoscritti Alessandra e Donato, potrebbe far lo stesso una volta che il libro sarà finito e voi alzerete lo sguardo e vi attaccherete a Internet per togliervi quella certa curiosità che vi si è istillata. Sarà, per noi, una grossa soddisfazione a cui daremo corpo con dei balzelli di giubilo. Matti? Sì, un po', forse. Ma non dateci troppa bada. Che ci volete fare. Artisti, museologi, comunicatori, giornalisti, scienziati: sono tutta gente un po' strana…

Exploratorium. Artista residente? Sì. Ma anche no

Cominciamo, dunque, dal padre riconosciuto. Da quell'*Exploratorium*, "museo della scienza, dell'arte e della percezione umana", questo il suo nome completo, di cui, ci rendiamo conto, abbiamo già detto parecchio. Un'attenzione, del resto, assolutamente dovuta, per un'istituzione che rappresenta la nascita dei science centre e, allo stesso tempo, della collaborazione della scienza con l'arte. Non a caso il suo consiglio di amministrazione fin dagli anni Settanta ha acquisito il titolo formale di "consiglio d'amministrazione del Palazzo della Fondazione dell'arte e della scienza". Tutto ciò si è tradotto in una commistione vivace e feconda di questi due mondi, con interventi artistici che negli anni hanno utilizzato tutti i media possibili, dalle performance alle opere esposte in via temporanea e permanente (Hein 1990). Alcune commissionate dallo stesso science centre, prodotte grazie ai programmi e alle sovvenzioni che il museo, novello mecenate, forniva all'artista. Altre donate. Poste a fianco di un exhibit didattico dedicato all'analisi di fenomeni naturali o presentate come elementi isolati e a sé stanti, che hanno dato il via a nuovi filoni di ricerca. Prodotte da artisti già famosi o, al contrario, da nomi che proprio lì hanno mosso i primi passi, per acquisire poi grossa fama lontano dagli ambienti della scienza, nel mondo dell'arte.

Opere artistiche che, in generale, in quel contesto sono riuscite anche ad accendere un serrato dibattito. Argomento della tenzone, il nome dell'artista a fianco della sua creazione che, secondo alcuni, se da un lato risulta essere un degno riconoscimento alla sua attività, dall'altro appiccica all'oggetto un'etichetta che, in qualche modo, condiziona il visitatore e il suo avvicinamento a esso. Come se andando incontro a un oggetto già etichettato come *arte*, il suo approccio con la cosa scientifica ne risentisse. Cartellino sì, cartellino no, insomma. Una questione di lana caprina, apparentemente, ma che affonda le radici in quell'approccio libero e incondizionato che è alla base dei science centre. In cui, potremmo dire, il visitatore è portato a infischiarsi della natura dell'oggetto con cui vuole interagire, che sia l'opera d'arte di un famoso artista o, invece, un exhibit progettato da una congrega di scienziati. L'importante è che, se ne ha voglia, ci metta le mani su.

A ogni buon conto, qualunque sia la vostra posizione sulla *querelle* del cartellino, l'*Exploratorium* apre i battenti con *Cybernetic Serendipity*. Una mostra che arrivava dritta da Londra e aveva un sottotitolo che era tutto un programma: "Come si possono usare il computer e le nuove tecnologie per estendere la creatività e l'invenzione". Moltissime le esperienze artistiche incluse, alcune che utilizzavano il computer, altre che non necessariamente andavano in quella direzione. Una buona parte delle opere presentate era stata prodotta da artisti che erano anche ingegneri o scienziati. Molte delle espressioni che abbiamo citato nel precedente capitolo erano qui rappresentate: l'arte cinetica, con le *painting machines* di Jean Tinguely, strumenti dotati di braccia pittoriche che permettevano allo spettatore di dipingere quadri astratti; le installazioni a base di luci e suoni, con i lavori di Yaacov Agam, pittore e scultore israeliano; l'elettronica di Nam June Paik, con i suoi lavori a base di TV, assieme a molte esperienze di Computer art. Insomma dai disegni ai plotter, dagli ambienti sonori e luminosi ai robot. Per indagare l'estetica della macchina e la sua trasformazione. O puntando, invece, sulla possibile interazione tra visitatore e opera d'arte.

La mostra ebbe un gran successo, e focalizzò molta attenzione sulla stessa struttura in cui era ospitata. Insomma, appena qualche mese dopo che il popolo del rock si era assiepato nella contea di Sullivan ad ascoltare Jimi Hendrix suonare, a modo suo, l'inno americano, (era l'agosto del '69, l'occasione, ovviamente, era il festival di Woodstock), mentre il cinema celebrava il mito della strada con i motociclettari di *Easy Rider* e Armstrong se ne andava a spasso per la Luna, l'*Exploratorium* veniva riconosciuto come uno spazio alternativo, adatto a ospitare eventi artistici i cui scampoli ancora oggi, a distanza di quarant'anni, fanno bella mostra dentro il science centre, in particolare nelle sezioni *luce*, *colore*, *suono* e *visione*, accompagnando i visitatori nell'esplorazione di fenomeni come la polarizzazione e la rifrazione, la formazione delle immagini e il funzionamento della Tv. Magari utilizzando il laser e gli ologrammi, oggi giochi dal sapore un po' rétro, ma assolute novità all'apertura del museo.

Sarà stato per la coincidenza dell'anno di nascita dell'*Exploratorium* con quello della mirabile discesa dell'uomo sul nostro satellite, sarà stato per l'atmosfera che tirava in quegli anni, ma la fascinazione per la conquista dell'universo trovò uno spazio importante dentro quelle stesse sale qualche anno più tardi, con il lavoro di George Bolling, uno dei primi ad accedere al programma *artists in residence* con cui il

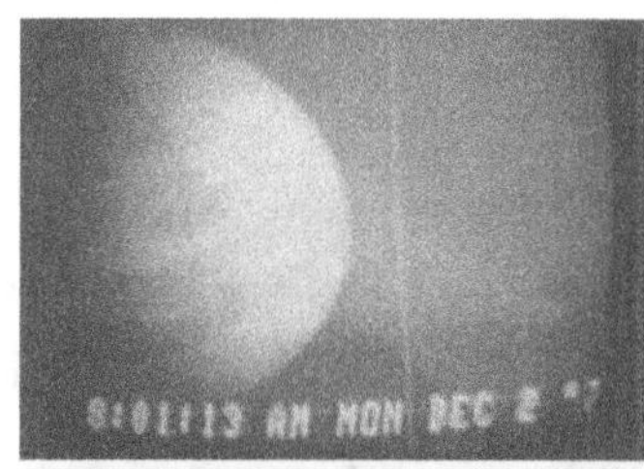

George Bolling,
Live Jupiter Fly-By, 1974
© Exploratorium,
www.exploratorium.edu

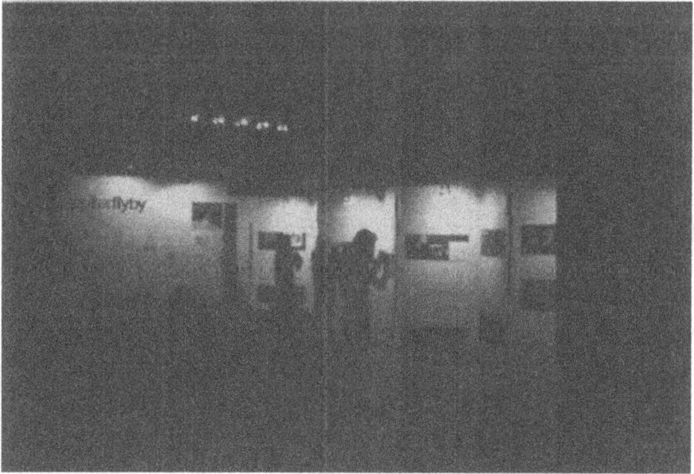

museo mirava a crescere nuovi talenti. Una sorta di *do ut des*: io, museo, ti supporto e ti finanzio e in cambio tu, artista, mi offri il tuo contributo, pensato e creato respirando l'aria che tira dentro la struttura, la sua atmosfera, le sue vibrazioni.

Con Bolling, siamo nel '74, si arriva dritti dritti dentro al *living theater*. Obiettivo? Coinvolgere i cittadini in un momento emblematico per lo sviluppo tecnologico. Ovvero la missione *Pioneer 11*, la seconda a raggiungere Giove e altri pianeti del sistema solare. Bolling raccontava la missione dal centro di controllo della NASA mentre dentro all'*Exploratorium* migliaia di spettatori assistevano al volo della navicella, partecipando in diretta ai successi e agli imprevisti della missione: quando si persero i contatti con la navetta, si racconta, l'intero pubblico rimase con gli occhi inchiodati sul maxischermo. Per poi esplodere in un applauso liberatorio, una volta che i contatti furono finalmente ristabiliti. Il tutto accompagnato da incontri e lezioni di eminenti scienziati, exhibit esposti e la distribuzione di materiale informativo.

Tutto bene, dunque? No. O meglio non solo. Anche il fin qui molto celebrato Frank Oppenheimer, infatti, incappò in un piccolo flop. Andò che presso il MIT, ovvero il Massachusetts Institute of Technology, un gruppo guidato dal direttore György Kepes, gruppo che giocando sugli acronimi si chiamava anch'esso MIT (ma stava per Multiple Interaction Team), progettò una mostra che voleva svelare l'interazione dell'arte con l'ambiente e la similitudine di certi processi vitali con quelli artistici. Oppenheimer in visita al MIT ne fu colpito e volle portarla a San Francisco. Della partita furono anche il *Chicago Museum of Science and Industry* e il *Franklin Institute of Science* di Filadelfia. Il tutto portato avanti con i fondi del *National Endowment for the Arts*, una sponsorizzazione che aveva il sapore di una legittimazione dei science centre come musei, riconoscimento che non era ancora arrivato dall'*American Museum Association*. In ogni caso, con le sue quindici opere, comprendenti sistemi audio, elettronici, interattivi, fragili e con seri problemi di manutenzione, la mostra non fu un successo. Anche la convivenza e la collaborazione tra musei di diversa tradizione non fu esente da frizioni. E i critici, almeno una parte di essi, storsero il naso e rivolsero il pollice al pavimento: troppa scienza e poca arte, fu il verdetto. Che le cose esposte, nate spesso dalla cooperazione di artisti e scienziati, fossero anche opere d'arte era, a loro avviso, questione assai opinabile. Anche se, in generale, il successo fu al di sotto delle aspettative, ebbe una buona riuscita un lavoro intitolato *Flame Orchard*, una scultura realizzata da un'allegra combriccola composta da Mauricio Bueno (artista), Paul Earls (musicista elettronico), William Walton (fisico) e György Kepes (designer e pittore), fatta in tubi di alluminio pieni di gas propilene che potevano venire suonati: "È una delle poche cose nella mostra che è più bella che sorprendente" fu il commento del critico Alfred Frankenstein sul *San Francisco Chronicle*. Eppure, in qualche modo, questa prima avventura aveva lasciato un segno positivo. Al punto che, giocando un po' con la fantasia, ci immaginiamo Frank Oppenheimer gridare a squarciagola: "Si-può-fareeeee!" come, in quel periodo urlava dai cinema di mezzo mondo lo scarmigliato omonimo transilvano di quel critico deluso. Era lo spiritato Gene Wilder di *Frankenstein Junior* che così, forse, scuoteva dal loro annoiato torpore la deliziosa assistente Inga e l'aiutante Igor, quello con la gobba ("Quale gobba?").

Alla gente dell'*Exploratorium* quell'immaginario grido diede un'analoga scossa. Mettere insieme artisti e scienziati per svegliare gli uni e gli altri, e il pubblico in generale, dal torpore educativo e comunicativo, insomma, non era del tutto impossibile. E pazienza se quest'esperienza non aveva acceso gli animi dei più. Erano queste le basi per una collaborazione con il mondo dell'arte che avrebbe avuto caratteristiche talora decisamente informali, accogliendo con entusiasmo progetti e donazioni di artisti i cui lavori erano in linea con la politica del science centre, o, in altre occasioni, avrebbe avuto contorni più formalizzati, attraverso i programmi di sostegno ad artisti.

Uno dei lavori più famosi arrivati all'*Exploratorium* attraverso la strada delle collaborazioni estemporanee è certamente *Sun Painting* di Robert Miller, opera dedicata alla luce, che è un gioco di riflessione e di rifrazione tra specchi e prismi per una magia di colori ipnotica e seducente. Scomparso alle fine del 2007, Miller è stato definito "un artista iconoclasta che dipingeva con la luce, esplorando i misteri della visione". Per l'*Exploratorioum*, in realtà, fu anche qualcos'altro. Quando incontrò Oppenheimer era un artista freelan-

ce a San Francisco e l'avventura del science centre era cominciata da pochissimo. Fu così che Miller cominciò una collaborazione che sarebbe durata molti anni, disegnando alcuni dei primi exhibit, diventando un *artist in residence* dal '70 al '77 e quindi *associate director* fino al 1988. Quando Oppenheimer morì, nel 1985, fu chiamato a presiedere il consiglio esecutivo in attesa che un successore fosse ufficialmente nominato. La definizione che dava di sé stesso, "artista, inventore, consulente di musei della scienza e lettore della luce e della visione", la dice lunga sulla sua figura e, assieme, sulla struttura con cui collaborava. *Everyone Is You and Me* è un'altra sua opera, un exhibit che permetteva a due visitatori di divertirsi con le proprie immagini nello specchio riflettendosi o, al contrario, mescolando la propria faccia in quella dell'altro semplicemente agendo sulle luci. Se avete voglia di sperimentarlo e godete dell'arte del fai da te non occorre volare fino a San Francisco. Alla pagina *Snacks* del proprio sito, l'*Exploratorium* mette a disposizione le istruzioni per questo e molti altri esperimenti.

Tactile Dome segna un'altra significativa esperienza di collaborazione. L'artista era August Coppola e l'obiettivo di questa operazione era esplorare il senso del tatto. Grazie a un exhibit che "le persone potranno sentire ma mai vedere" come recitava il comunicato stampa del 1971, anno in cui il *Tactile Dome* vide la luce.

In questo ambiente, infatti, i visitatori immersi nel buio per oltre un'ora, potevano sperimentare le sensazioni più varie semplicemente toccando centinaia di oggetti e materiali. Forzatamente estromessi da ogni altra sensazione, potevano concentrarsi sull'unico senso che davvero veniva continuamente sollecitato: il tatto. Le impressioni riportate dai primi visitatori? Svariate, con una non banale *nuance* (quasi) metafisica: una specie di rinascita, per alcuni. La sensazione di essere stati inghiottiti da una balena o essere avvolti da un enorme grembo materno, per altri.

Nei capitoli precedenti abbiamo parlato di esperienze immersive, di ambienti creati dagli artisti apposta per avvolgere il visitatore in bozzoli nei quali i sensi venissero stimolati ed eccitati. Come *Ambiente spaziale* di Lucio Fontana, ricordate? Ebbene, operazioni come *Tactile Dome* rappresentano l'ideale fusione tra quelle installazioni artistiche e la comunicazione, che definire *scientifica* sembra riduttivo. Operazioni di innegabile successo, dal momento che quasi quarant'anni dopo la sua nascita, *Tactile Dome* è ancora lì, a raccogliere i commenti dei visitatori entusiasti e ad accogliere party di compleanno e di addio al celibato, riunioni di famiglia, comitive in gita. Tanto per rimarcare, ancora una volta se necessario, l'approccio gaio e assai festoso dell'intera impresa.

Il grande successo del *Tactile Dome* diede il via ad altre esperienze analoghe. Ben presto fu allestita una sezione interamente dedicata al suono e all'esperienza estetica connessa, con concerti in cui i musicisti erano invitati a dialogare con il pubblico sulla natura dei loro strumenti e della loro musica.

I lavori che si sono susseguiti negli anni sono stati molti, con un'evoluzione rispetto alle tecniche utilizzate. Dalle più classiche, come la musica e la danza, a quelle di frontiera, con nostre vecchie conoscenze come Eduardo Kac, creatore della coniglietta Alba, che, in collaborazione con questo science centre, nel 2004 ideò *Move 36*, opera ispirata al computer dell'IBM, *Deep Blue*. *Deep Blue* nel 1997 aveva battuto il campione di scacchi Gary Kasparov in un match che l'artista descrisse più o meno come "il miglior giocatore mai vissuto contro il miglior giocatore mai vissuto". Ovvero uno straordinario campione fatto di sangue e neuroni contro uno straordinario campione tutto elettronico. Alla mossa 36 il computer sorprese tutti: invece di muovere la regina per sferrare un attacco, con un'azione assai scaltra si aggiudicò la vittoria.

L'installazione appare come una grande scacchiera i cui quadrati neri sono fatti di terra (a rappresentare la vita), mentre quelli bianchi sono fatti di sabbia. In questo modo Kac sembra voler fare una distinzione tra ciò che è da considerarsi vivente e ciò che è basato sul composto del silicio, mettendo nuovamente in discussione la definizione di essere vivente. In uno dei quadrati neri della scacchiera, corrispondente a quello in cui *Deep Blue* fece la sua mossa vincente, Kac fa crescere una pianta di pomodoro. La particolarità di questa pianta è che all'interno del suo corredo genetico è presente un gene sintetico creato in laboratorio dallo staff dell'artista. Per rendere evidente la natura transgenica della pianta, Kac accoppia il gene sintetico a un altro, i cui effetti sono visibili anche a occhio nudo. Tale gene, infatti, agisce facendo sì che le foglie della pianta di pomodoro di *Move 36* crescano piegandosi in modo anormale. In ogni foglia arricciata, quindi, si attesta la presenza dell'intervento umano.

Intelligenza al silicio contro intelligenza animale per Kac. Mondi virtuali e mondi reali per Dan Collins, che con *TeleSculpture 2003* trasformava modelli 3D raccolti in giro per il mondo in sculture *concrete*. Vita artificiale contro vita umana. Spazio dunque ai temi della salute: *FireOrgan* di Trimpin, era un'opera che era parte di *What About AIDS?*, mostra che nel 1996 esplorava la problematica dell'AIDS. Trimpin disegnò un'installazione composta da quattro sculture che utilizzavano fiamme e pipe di vetro per produrre suoni. Via a sperimentazioni le più fantasiose: fotografie e installazioni fatte di erba modificata geneticamente degli inglesi Heather Ackroyd and Dan Harvey. Danza, musica e testi per educare e divertire le famiglie sui temi della fisiologia del cervello e sulla memoria con *Dreaming Backwards: A Time Travel Mystery* (1997-1999) di Rhodessa Jones, Diane Ferlatte e Anita Jones. E l'elenco potrebbe continuare ancora per un bel po'.

Per capire che cosa guidi il museo nella scelta di queste operazioni è meglio forse affidarsi alle parole degli stessi organizzatori. L'*Art program* dell'*Exploratorium* anni 2000, infatti, vuole "accrescere il ruolo del museo come centro culturale", "sviluppare nuove modalità di comunicazione incorporando il processo artistico in altri tipi di indagine", "incentivare il dibattito interno e pubblico sulle interconnessioni tra scienza, arte, attività umane e tematiche relative ad attività multiculturali e multidisciplinari". E, *last but not least*, per "capire quale ruolo l'artista può giocare nella società moderna". Tutti obiettivi che possono essere ritrovati in una esperienza recente, che ha unito quattro artisti del suono: Bruce Odland, Michelle Nagai, Nigel Helyer e Ali Momeni che insieme compongono il *Listening team*. Il loro progetto, partito nel 2006 e di durata quadriennale, è volto a indagare il senso profondo dell'ascoltare. *Why listen?* è infatti la domanda che dovranno esplorare secondo le loro rispettive sensibilità, intuizioni, capacità. Per sviluppare exhibit, ambienti, opere d'arte e programmi pubblici per

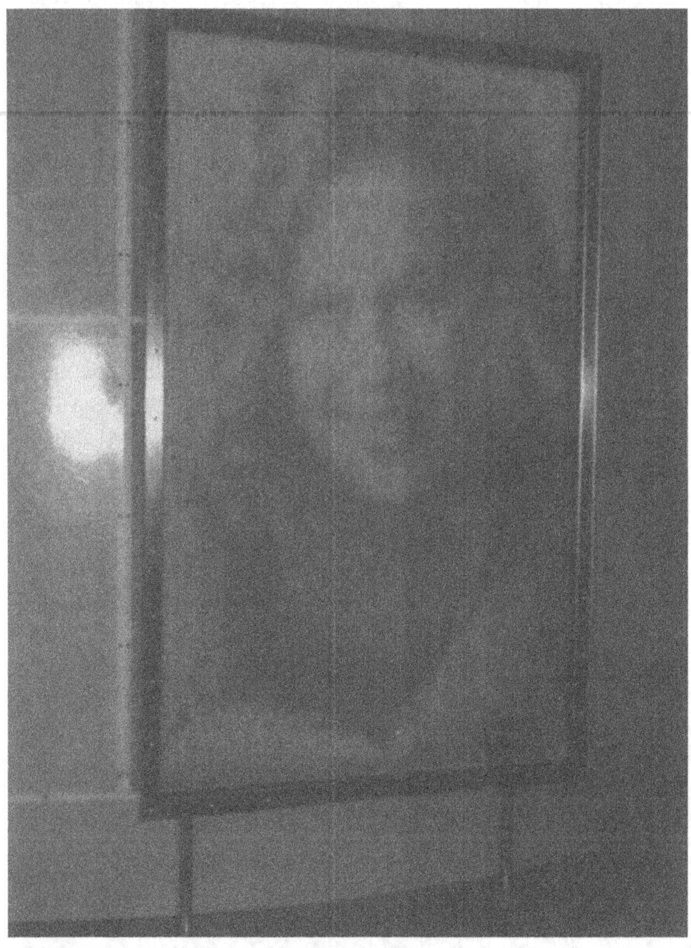

Heather Ackroyd, Dan Harvey, *Human Portrait in Grass*, 2003
© Exploratorium, www.exploratorium.edu

esperienze "educative e avvincenti" che entreranno a far parte della collezione permanente del museo.

Il futuro? Peter Richards è stato direttore dell'*Artist in residence program*. Ora è Senior Artist dell'*Exploratorium*. *The Wave Organ*, l'organo ad acqua suonato dalle onde nella *San Francisco Bay* lo ha ideato lui, nell'86. *Invisibile Dynamics* è un prossimo progetto in programma che mira a realizzare nuovi exhibit e programmi di attività a essi collegati che creino un link fra il contesto ambientale locale con quello a scala globale. Ma non è tutto. A dimostrare quanto l'*Exploratorium* sia sempre pronto a seguire gli sviluppi di questo tema, a riconsiderare il proprio ruolo nell'ambito delle sperimentazioni tra arte e scienza e a evolversi verso nuove visioni, ecco pronto un bel dossier dal titolo *A vision of art at the Exploratorium. A plan for programs, research, and the creation of new work, 2007-2012*. L'occasione per questa riflessione è la programmazione di uno spostamento di sede dell'*Exploratorium* in un edificio più ampio, sempre affacciato sulla baia di San Francisco. In questo documento, in maniera analitica, sono percorsi i punti di forza e di debolezza della politica artistica fin qui condotta e le strategie future che si intendono seguire. Una sorta di *vademecum* costruito sulla storia dell'*Exploratorium*, che potrà certamente rappresentare un buon memo per tutte quelle istituzioni che intendono percorrere questa strada. Buttiamo lì solo alcuni titoli tra i più significativi contenuti in questo dossier: *Definire una visione dell'arte all'*Exploratorium,

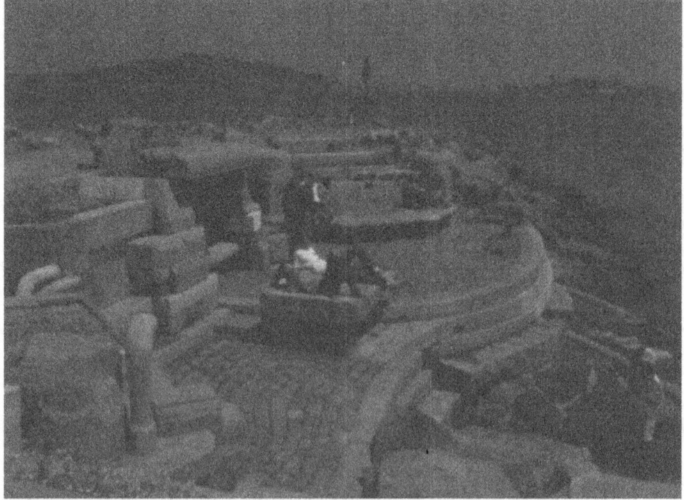

Peter Richards, *Wave Organ*, 1986
© Exploratorium, www.exploratorium.edu

*Comunicare il valore e l'importanza dell'arte all'*Exploratorium, *Costruire una forte leadership nel settore delle arti, Sostenere un programma artistico a lungo termine, Assicurare un ruolo significativo per l'arte e gli artisti nel futuro del museo.* L'Exploratorium segna il passo, ancora una volta, anche nella consapevolezza dei successi e degli insuccessi, degli elementi positivi e di quelli negativi, degli sbagli fatti e da non ripetere, nell'autoanalisi critica.

Per noi che abbiamo appena dato il via al nostro viaggio, però, non è questo il tempo dei bilanci. È ora, invece, di lasciare le strade di San Francisco, le sue salite e le sue discese, i suoi edifici, la nebbia che l'avvolge d'estate e la sua aria cosmopolita e tollerante, per fare un gran balzo. Perché al rumore delle onde dell'Oceano Pacifico e allo sferragliare dei tram possano sostituirsi le fisarmoniche, le *chanson d'amour* e il vociare delle *brasserie*. Un altro luogo in cui la parola *rivoluzione* ha, come dire, un certo qual sapore.

Cité de la Science et de l'Industrie.
L'arte messa di traverso

Siamo nella *Ville Lumière*, dunque, nel bel mezzo degli anni '80. La *Città della scienza* di Parigi apre le porte il 13 marzo 1986, inaugurata da François Mitterrand in occasione dell'incontro tra la sonda astronomica Giotto e la cometa di Halley. In quell'anno viene lanciato anche il primo modulo della stazione spaziale orbitante Mir. Il cinema, e la società, celebrano il rampantismo. Economico: la parola *yuppie* diventa di uso comune dentro e fuori dallo schermo, orologi sul polsino e via discorrendo. Militare: cinema tutto muscoli con *Top Gun* e Schwarzenegger. Sessuale ma rigorosamente estetizzante: con *9 settimane e mezzo* si sbircia (poco) sotto ai vestiti e (molto) dentro al frigo. Madonna canta *Papa don't preach*, Peter Gabriel *Sledgehammer*, Sting, con discreta puntualità, *Russians*. Che il blocco sovietico sia agli sgoccioli, infatti, non è ancora chiarissimo. Anche se i segni di cedimento strutturale sono davanti agli occhi del mondo. In una cittadina a 100 Km a Nord di Kiev salta il tappo al reattore numero 4 della locale centrale nucleare. Con Černobyl, il mondo scopre dentro gli alimenti, nella terra, nei prati, tra gli alberi, la minaccia radioattiva. Dopo l'arte del quotidiano e la scienza del quotidiano, con il disastro ucraino anche la paura si fa democratica e pop. Certo, il pericolo atomico era da molti anni una spada di Damocle sulla testa dell'umanità. Ma con Černobyl è arrivato il momento di guardare con sgomento all'insalata, al radicchio, allo stracchino, nostre nuove minacce. Solo la fantasia degli sceneggiatori dei *B-movie* americani, responsabili di film horror a base di ragnoni distruttori e pomodori assassini, era arrivata a tanto. In ogni caso, mentre il mondo scopre con un botto l'utilità del contatore geiger, nella capitale francese si inaugura a fine anno un altro museo, tutto dedicato all'arte: il *Musée d'Orsay.* Impressionisti e postimpressionisti tutti raccolti assieme. In questo panorama, dunque, la *Cité* apre i battenti.

Qualche anno prima che la sua avventura prendesse effettivamente avvio, in una lettera indirizzata al Ministro della Cultura Jack Lang da François Barré, Direttore delegato, incaricato della creazione della politica artistica del *Parc de la Villette* si legge:

> Le opere e gli ambienti devono dimostrare la forza dello scambio tra le tecniche le più avanzate e tutte le potenzialità, l'immaginario e le immediate capacità esplicative che l'arte possiede.

Già negli anni Settanta le grandi linee della politica artistica che si intendevano seguire per il nuovo museo erano state delineate (Abadi 1999). Punto primo: presentare opere d'arte proveniente dai musei nazionali francesi che testimonino la relazione esistente da sempre tra storia delle scienze e della tecnica e storia dell'arte. Punto secondo: commissionare opere d'arte da destinare a spazi pubblici e di lavoro del museo pari all'1% dell'investimento totale. Punto terzo: affidare agli artisti l'allestimento di 60 dei 650 elementi dell'esposizione permanente del museo. Un'innovazione, quest'ultima, mica da poco, nel Vecchio Continente, dove un'iniziativa così non aveva alcun precedente. Insomma, per farla breve, a questo inizio di percorso il cartello identificativo che si potrebbe affiggere porterebbe scritto "con le migliori intenzioni".

Il pensiero unico, fin dagli albori, fu la forte convinzione che l'arte rappresentasse un importante strumento per fare da ponte tra scien-

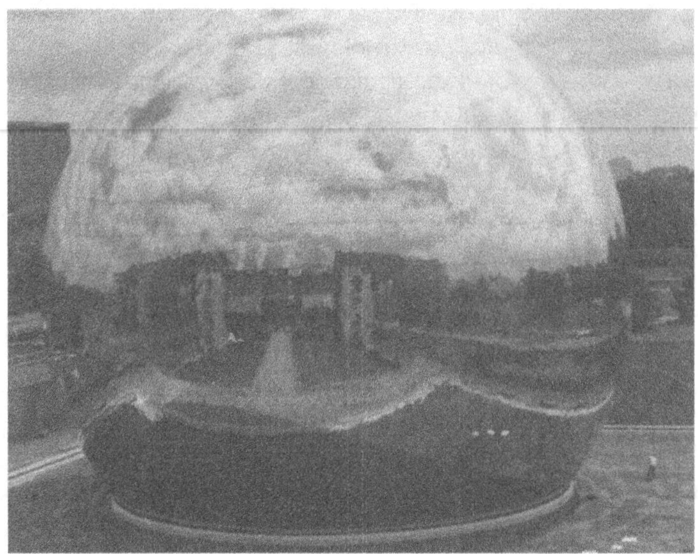

La *Géode*, inaugurata nel 1985, ancor prima che la *Cité des Sciences et de l'Industrie* aprisse i battenti. Adrien Fainsilber la immagina e la disegna. Gérard Chamaillou, ingegnere e scultore la realizza

za e pubblico, favorendo, al contempo, lo sviluppo di un pensiero critico da parte dei cittadini. Ma, se le idee erano chiare da subito, il percorso per arrivarci, invece, è stato decisamente più sfaccettato.

Si parte, dunque, ancora prima che la *Cité* cominci il suo viaggio. L'idea è quella di dare all'arte una dimensione trasversale, che attraversi senza soluzione di continuità i quattro settori in cui è divisa l'esposizione permanente. A tracciare la linea ci si metterà negli anni '84-'86 anche il Ministero della Cultura francese che, addirittura, darà vita a una commissione per la politica artistica della *Cité*, con tanto di fondo permanente per l'acquisto e la commissione di opere ad artisti di grande spessore come Roy Adzak, Jean Dupuy, Erro, Piotr Kowalski, Jeffrey Shaw. Quindi, una volta tagliato il nastro, nasce una Galleria Sperimentale in cui vengono esposte opere di Panamarenko, Michel Verjus e Adalberto Mecarelli. Non un grande spazio, cinquanta metri quadrati in tutto, fuori dal circuito principale, oltretutto. Un piccolo passo, ma significativo, nell'affermazione di un territorio tutto dedicato all'arte. *Parva, sed apta mihi*, potremmo dire. Piccola ma, per il momento, sufficiente alla bisogna, insomma. Mentre in quello stesso periodo per iniziativa di artisti e scienziati fioriva, persino, un'associazione franco-italiana, nata sulle suggestioni lasciate dal convegno *Vers une culture de l'interactive?*, che metteva a confronto artisti, tecnologi e scienziati internazionali e da cui sarebbe nata *Arslab*, un'interessante organizzazione promotrice di eventi dedicati al connubio arte-scienza con un'importante antenna a Torino.

Nei primi anni Ottanta, inoltre, si tenevano a Parigi due importanti mostre dedicate all'arte elettronica, *Electa, l'électricité et l'électronique dans l'art au XXe siècle* nel 1983 presso il *Musée d'Art Moderne de la Ville de Paris* e nel 1985 *Les Immatériaux* al *Centre Georges Pompidou*. Una mostra quest'ultima che metteva insieme le varie forme dell'impalpabile: non soltanto la luce o l'energia, ma anche le immagini microscopiche delle fibre chimiche, così come i dati del mercato azionario, diretto riferimento alle correnti invisibili di soldi e merci. La *Cité* collaborò all'organizzazione di entrambe per poi progettare pochi anni più tardi, a struttura inaugurata, una mostra sempre dedicata all'arte elettronica *Machine a communiquer*, che vedeva coinvolti alcuni tra i principali protagonisti dell'arte elettronica del periodo.

Arrivati gli anni Novanta, presero spazio le esposizioni artistiche temporanee, tematiche o monografiche. Per esempio *Nouvelle image, nouveaux réseaux* fu l'occasione per presentare l'opera di Luc Courchesne *Paysage n° 1*, che metteva in relazione il mondo reale con quello virtuale, creato a partire dalle immagini di un giardino pubblico, il parco di Mont-Royal a Montreal. Protagonisti dell'operazione: i visitatori del museo e i personaggi che di là transitavano: bimbi, passanti, amanti, amici, genitori, nonni, cani. I visitatori del museo erano invitati a spostarsi nell'ambiente, un parco, presentato su quattro grandi schermi a formare un panorama a 360 gradi, secondo l'interazione e il dialogo instaurato con i personaggi sullo schermo che facevano da guida dentro il parco stesso. Un'iniziazione, quasi, con gli spettatori trasportati attraverso l'Acheronte che separa la realtà dalla finzione, di qua l'esistenza di sangue e carne, di là quella in forma di pixel, guidati da un Caronte amichevole ancorché impalpabile. Un mondo tutto nuovo. In cui si

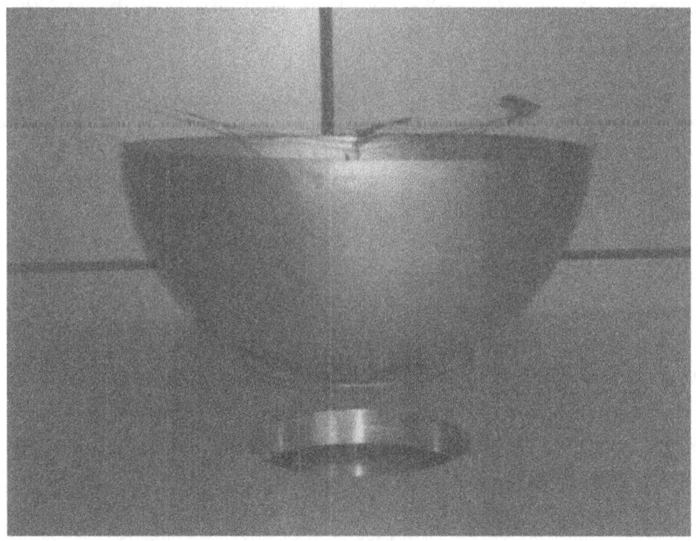

Manolis Maridakis, *Quadriconvertisseur antigravitationnel*, 1995
Courtesy Emanuele Pitterà

impara. Non semplice *sightseeing*, insomma. Certo un po' si bighellona ma, dentro il giardino, si taglia, si pota, si pianta, anche. Interazione, partecipazione, divertimento, educazione: tutto in uno. Come chiedere di meglio?

Dai giardini filmati a quelli reali: *La Serre, jardin du futur* nasce nel 1997 per evocare, per ironizzare, per criticare, con opere

> che provocano instabilità, che introducono elementi di rottura, che giocano con lo *humour*, la critica e la poesia. (Abadi 2000)

Una serra di metallo e vetro per ricevere i visitatori pronti ad accogliere le sue sfide, la struttura si presentava così. Sfide, va detto, di carattere biotecnologico. La sezione venne inaugurata in un periodo in cui il vento delle polemiche anti-OGM soffiava assai impetuoso, spalancando le imposte dei parlamenti nazionali ed europei e dei giornali. Imposte che, peraltro, si serravano altrettanto in fretta, mentre, in quelle stesse sale, veniva decisa una sostanziale moratoria europea nei confronti degli OGM. Al suo interno, ecco la possibilità di

> osservare la frutta, i fiori e le verdure note e ignote dentro una vera serra. Potrete scrutare i sistemi di irrigazione [...], curare una serra virtuale, scoprire le sorprendenti presentazioni degli artisti...

E molto altro ancora. Quattrocento metri quadrati di giardino sparsi su due livelli con vegetali di vario tipo, frutta e piante ornamentali, e le opere di molti artisti disposte qua e là.

Obiettivo dell'operazione? Indagare il tema della relazione tra l'uomo e le piante coltivate, le tecniche moderne di produzione, gli aspetti biologici e fisiologici delle piante, le questioni e le problematiche legate all'uso delle biotecnologie, le implicazioni di carattere economico, sociale ed ecologico.

Le opere d'arte da inserire stabilmente, selezionate con un concorso, risposero a una *call* che suonava così:

> Le opere raggruppate devono illustrare, evocare, esprimere o simboleggiare ciascuno dei meccanismi biologici annunciati. Ogni elemento è accompagnato da un breve testo scientifico riportante il meccanismo biologico illustrato nell'opera.

Per parlare, per esempio, di genoma, di fotosintesi, di ciclo della vita, di autotrofia. Le altre opere, temporanee ed esposte nel livello superiore, invece, avevano come missione quella di "utilizzare i vegetali come materiale per la creazione in un'opera poetica". In quella sezione alcuni artisti si sono impegnati a trasgredire alle leggi di natura: costringendo l'erba a crescere in una struttura fatta a nastro di Moebius, innestando oggetti di giardinaggio o matite colorate in dracene e roseti, alimentando piante di orchidee con inchiostro, appendendo in verticale drappi vegetali. Altri hanno giocato con la raccolta, la classificazione, la datazione: come Agnès Rosse che poneva delle etichette datate sulle piante, lì dove le nuove foglie apparivano. Altri ancora si sono trasformati in narratori, cantastorie del vegetale a ricordare che le piante, come l'uomo, hanno viaggiato, e sono state utilizzate per scrivere. Non dimenticando l'oggetto elettronico: Christa Sommerer e Laurent Mignonneau che hanno creato dei modelli al calcolatore per simulare il vivente con *Interactive Plant Growing* di cui abbiamo già parlato in precedenza.

Ma quali sono stati gli esiti di questo ormai lungo e ricco percorso tra arte e scienza dentro la *Cité*? Come abbiamo visto, per tutta la fase di avvio c'era stata una ferma volontà di introdurre una politica artistica strutturata e continuativa al suo interno, obiettivo molto ambizioso e non facile da mantenere. L'arte messa di traverso si è dimostrata non sempre efficace. Come se la trasversalità, da una sezione all'altra, da un argomento all'altro, da una mostra all'altra, ne cancellasse la leggibilità e la sua presenza stessa come elemento funzionale alla comunicazione, fondamentale, e non sussidiario, all'interno del science centre. Chi si aspettava la nascita di un movimento artistico, di un fermento nuovo che prendesse il via da un nuovo terreno, non ha ancora trovato riscontro. Gli iniziali grossi segnali di interesse non si sono trasformati, finora, in qualcosa di veramente sostanzioso. Nondimeno, se è mancata un'identità precisa e riconosciuta nel percorso legato all'arte di questo science centre, il coinvolgimento degli artisti nelle attività della *Cité* è stato massiccio. L'elenco delle opere presentate è lungo. *Inventer la Terre* di Jeffrey Shaw, per esempio, è una scura colonna piazzata su un basamento riportante una mappa astrologica. Guardando attraverso un'apertura nella colonna, lo spettatore può osservare un'immagine proiettata nello spazio del museo. Agendo sulle manopole può controllare la rotazione della colonna e il movimento dell'immagine virtuale. Sei differenti siti sono a disposizione dell'osservatore, da esplorare grazie a un video di tre minuti ciascuno. Le immagini evocano il mito fondatore della terra, le cosmologie elaborate anticamente, la creazione dei mondi fittizi dell'arte e della letteratura; la composizione sonora di Walter Maioli è l'unione di pezzi di musiche etniche antiche.

L'interesse della *Cité* per le installazioni video e informatiche è sempre stato molto elevato. Fin dagli anni Ottanta, il museo ha concepito e presentato nei suoi spazi espositivi mostre sulle tecnologie come *Image calculèe*, o il già citato *Machines à communiquer,* che hanno raccolto opere d'arte incasellabili in questo nuovo filone.

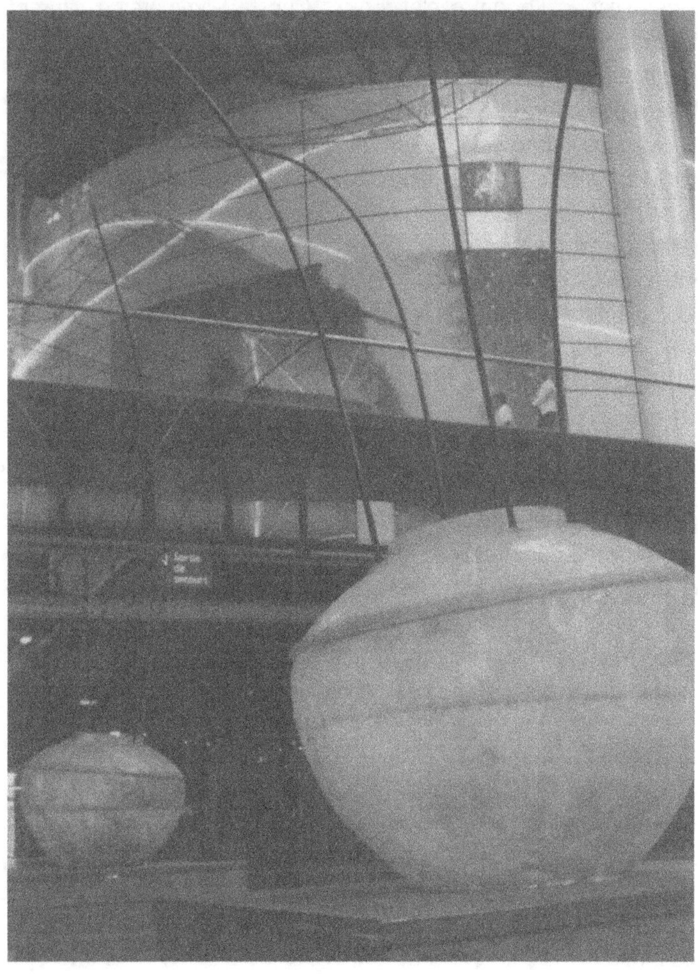

Maciej Fiszer, *Canaris*, 2006

Eppure, alla *Cité*, dalle esplorazioni virtuali a quelle reali il passo può essere breve: il *Département Action Culturelle* della *Cité* propone delle *promenade artistique*, in cui guida i visitatori attraverso itinerari di visita tematizzati, supportati da materiali didattici che forniscono informazioni e stimolano il visitatore nell'approfondimento, nel dibattito dei contenuti e del significato delle opere. I

titoli di alcuni di questi percorsi? *L'art et la lumière* o *L'art et le temps*. Esperienze *en plain air*, divertenti certamente, ma che, purtroppo, siamo costretti a rimandare. A Londra ci attende, infatti, il *Science Museum*. Roba di due secoli fa, dell'Ottocento, che proprio mentre il secondo millennio si avvicinava alla fine, ha dato vita a un massiccio *restyling*, un robusto rimodernamento a base di programmi didattici, eventi e mostre, gallerie interattive ed exhibit hands-on. Un museo di nuova generazione con tutti i crismi, in sostanza. Diviso su tre piani. Con la partecipazione di artisti di fama mondiale. Alcuni controversi, dissacranti, provocatori. Che suscitano, insieme, entusiasmo e scandalo: come nelle migliori tradizioni.

Science Museum. Al servizio di Sua Maestà

Tutta comincia nel XIX secolo. A metà degli anni Cinquanta dell'Ottocento, il governo inglese istituì il *Science & Art Department* che, a sua volta, diede vita al museo di South Kensington, primo nucleo di quello che diventerà il *Science Museum* di Londra. I denari per l'impresa arrivavano dritti dall'Esposizione Universale del '51, che aveva portato in città un sacco di soldi. Soldi che il Principe Albert, suo patrono, suggerì di impiegare per iniziative dedicate all'educazione. Il *South Kensington Museum* aprì i battenti nel '57, ospitato da una struttura di ferro, dal gusto estetico non particolarmente apprezzato dai contemporanei. Il soprannome che le fu affibbiato fu *"the Brompton Boilers"*: le caldaie di Brompton. Ci fu persino una regal visita prima che il museo aprisse ufficialmente i battenti: Sua Maestà, l'amatissima regina Vittoria, percorse le sale il sabato sera precedente al mercoledì 24 giugno, giorno in cui fu ufficialmente aperto al pubblico.

Questo, in buona sostanza, è l'inizio. Ci esimeremo dal ripercorrere centocinquant'anni di storia del museo, state tranquilli. Non vi racconteremo di come al principio fosse soprattutto un museo sull'arte industriale e ornamentale con sprazzi di collezioni scientifiche. Con dei bei macchinoni tipo le locomotive *Puffing Billy* relegati nell'*exhibition* a essi dedicata. Né vi diremo come a poco a poco la collezione scientifica si ingrandì al punto da richiedere un luogo espressamente dedicato. Così, mentre la collezione d'arte se ne andava per i fatti suoi, a stabilirsi nel *Victoria and Albert Museum*, anno 1909, le *Science and Engineering Collections* acquisivano indipendenza amministrativa e un nome ufficiale: *Science Museum*. Un addio quello tra scienza e arte che, come vedremo presto, era, in realtà, solo un arrivederci a quasi un secolo dopo. Tutto questo cercheremo di saltarlo a piè pari, diciamo così. Certo, proprio volendo essere esaurienti ci sarebbe tutta la storia del Novecento: sapete, di come fu istituito un comitato capitanato da Sir Hugh Bell per disegnare i nuovi edifici che dovevano accogliere il museo, di quando nel '13 fu posata la prima pietra, di quando nacque la *Children Gallery* aperta nel '31 per stimolare i bimbi britannici ad approcciarsi alle cose di scienza, di come le crisi economiche e la guerra mondiale rallentarono l'espansione del museo. Ma crediamo che partire dalla nascita del cosiddetto *Centre Block*, siamo già nella seconda metà del XX secolo, sia sufficiente.

Le gallerie del blocco centrale aprono i battenti negli anni Sessanta, tra il '63 a il '69, *Astronomia* e *Misurazione del tempo* alcuni degli argomenti trattati nelle sale. Lasciando spazio, nei decenni successivi, all'acquisizione di materiale sulla storia della medicina, oltre che a *special exhibition* come *Science and Technology in Islam* (1976) o *Science in India* (1982). *Lounchpad*, nell'86, segna un altro *step* importante verso l'educazione tecnologica con un approccio decisamente hands-on, grazie a exhibit interattivi appositamente prodotti per il divertimento di adulti e, soprattutto, bambini.

Fino all'arrivo della *Wellcome Wing*: prima pietra depositata nell'anno del Signore 1996. Nel 2000 l'apertura. Sulla storia del museo, ci raccontano che la nuova ala costruita a South Kensington fu inaugurata da un'altra regina che, in termini di carisma e longevità, poco ha da invidiare alla sua imponente predecessora: Elisabetta. Non sappiamo se anche Sua Maestà, posati cappellino e borsetta e abbandonata ogni formalità, si sia lasciata andare, giocando allegra con gli *exhibit* e lasciandosi colpire dai *Talking Points*, "interrogativi facili da apprendere e difficili da dimenticare" che guidano il visitatore. Certo è che l'obiettivo della nuova ala, interamente dedicata alla scienza e alla tecnologia contemporanee, è proprio quello di far esplorare ai visitatori le idee e le questioni di attualità attraverso i dispositivi interattivi colà raccolti. Con l'intento preciso di scuotere il pensiero e far acquisire consapevolezza dell'influenza che le scienze moderne hanno nella e sulla società.

L'arte? C'è anche quella. Anzi ce n'è parecchia. E di quella importante, per di più. Ci sono i grossi nomi, insomma. Famosi e, in qualche caso, contrastati. Perché alcuni degli artisti qui convenuti sono di quelli che picchiano duro lo spettatore, degni eredi di quello scandaloso orinatoio d'inizio secolo. Artisti che usano la pittura e la scultura, ma anche capaci di utilizzare i nuovi strumenti della tecnologia e i nuovi media, raccogliendone le sfide. In un contrappunto di grande effetto ed efficacia che comincia sin dai primi passi dentro la *Wellcome Wing*, proprio dalla sezione dei *Talking points*, composta da una serie di exhibit, alcuni dei quali realizzati da artisti. Artisti che spesso intitolano le loro opere in forma di domanda. Domande che, associate al forte impatto che l'opera stessa produce nel visitatore, istillano la voglia e offrono la possibilità di rispondere, dando vita a un'agorà in cui le idee e l'immaginazione si trasformano in dibattito.

Parlavamo, poco fa, di artisti scandalosi. Marc Quinn è certamente uno di questi. Diventò famoso negli anni Novanta con *Self*, uno stampo della sua testa plasmata con 4,5 litri del suo sangue. Qualche anno fa riuscì a portare la statua in marmo bianco di una donna focomelica incinta sul quarto plinto di Trafalgar Square, vicino all'ammiraglio Nelson. Perché, disse, la statua di Alison Lapper, la modella ritratta (lei stessa artista), potesse rappresentare un nuovo modello di eroismo femminile. Marc Quinn è l'ideatore di *Eternal Spring: Sunflowers II,* girasoli in una scatola di silicone sprizzanti brividi di vitalità, che accolgono il visitatore al pianterreno della *Wellcome Wing*, come un ideale omaggio floreale. Sesso, spiritualità, morte, bellezza: i suoi fiori sottintendono a un ventaglio di significati che l'artista affronta parlando di eternità e di conservazione. *Bouquet* di girasoli e gigli sono mantenuti dentro teche di vetro, sottoposti a un processo di refrigerazione e così preservati dall'avvizzimento. Come se, almeno nel loro specifico caso, la ricerca dell'elisir di eterna giovinezza e dell'immortalità, avesse dato buoni frutti.

Effective, defective, creative è invece una videoproiezione pro-

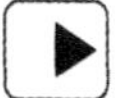

posta da Yinka Shonibare che affronta il dilemma etico generato dagli avanzamenti in campo medico e dalle nuove scoperte scientifiche e tecnologiche. Avanzamenti per cui la parola eugenetica è ritornata, in questi anni, a riempire le pagine dei giornali. Shonibare, classe '72, cresciuto tra Londra e la Nigeria, per questo lavoro ha coinvolto un certo numero di donne incinte, che gli hanno concesso il permesso di utilizzare nel progetto le ecografie dei loro bimbi. Il suo lavoro consiste di tre proiezioni: la prima mostra dei feti normali, la seconda dei feti malformati, la terza alterna gli uni e gli altri. Impossibile per un occhio non esperto distinguerli, vedere le differenze. Arte che colpisce, che disorienta, che sconvolge? Probabilmente sì. Certo è che, così facendo, l'artista si approccia direttamente allo spettatore, incentiva la discussione, offre spunti di riflessioni sul concetto di individuo, di normalità, di identità, di etica, di scienza, di progresso. Lo fa con gli strumenti tecnici ed emozionali che gli sono propri, con la sua sensibilità e le sue sensazioni, che riversa sul pubblico. Così come Antony Gormley, altro artista inglese, con il suo *Iron Baby*, opera del 1999, che è un neonato rannicchiato in posizione fetale, simbolo di fragilità ed estrema dolcezza. Un bimbo di ferro: un materiale duro e freddo che crea un forte

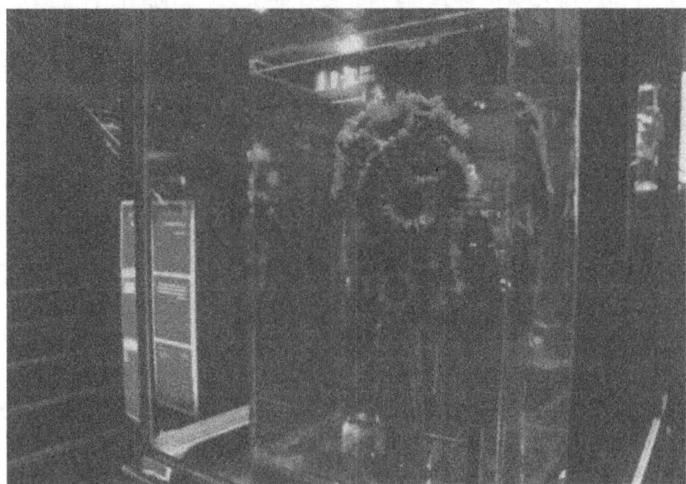

Marc Quinn, *Eternal Spring: Sunflowers II*
Courtesy Giovanni Berisio

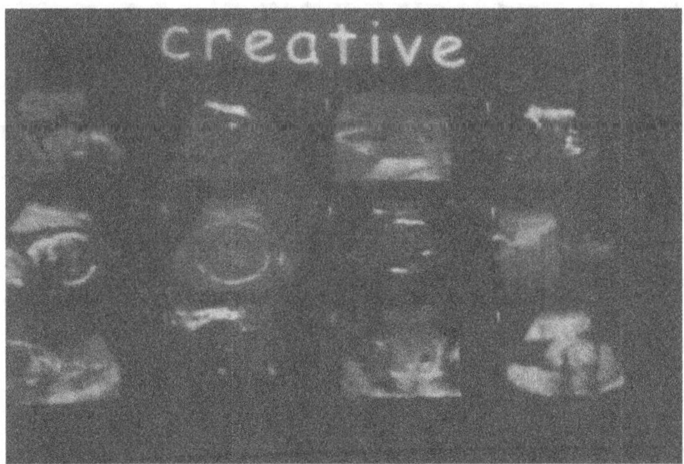

Yinka Shonibare, *Effective, defective, creative*
Courtesy Giovanni Berisio

contrasto con la delicatezza di ciò che rappresenta. Impossibile non essere emotivamente colpiti nel guardarlo.

Raccogliere la sfida di collocare la propria arte in differenti contesti è ciò che ha spinto Gormley a lavorare con questo museo:

La gente viene al *Science Museum* per avvicinarsi alla Conoscenza, per capire come funzionano le cose, per comprendere come sono fatti i minerali, i vegetali, gli animali e come questi regni si compenetrano. Tutto questo rappresenta un eccellente background per un lavoro destinato a indagare i "perché" piuttosto che i "come". Il mio *Iron Baby* è situato tra postazioni che si occupano di un sacco di cose, dalla circolazione sanguigna al sesso. Eppure il solo fatto di essere lì, la sua semplice esistenza riesce a far nascere delle domande su qual è il posto degli uomini e qual è il significato di questa appartenenza, dove ci inseriamo, come uomini, nello schema delle cose.

Continua Gormley:

Penso che, davanti all'opera, il visitatore sia colto da un senso di sorpresa. Ci si chiede "Cosa diavolo è questa cosa? E cosa ci fa questo

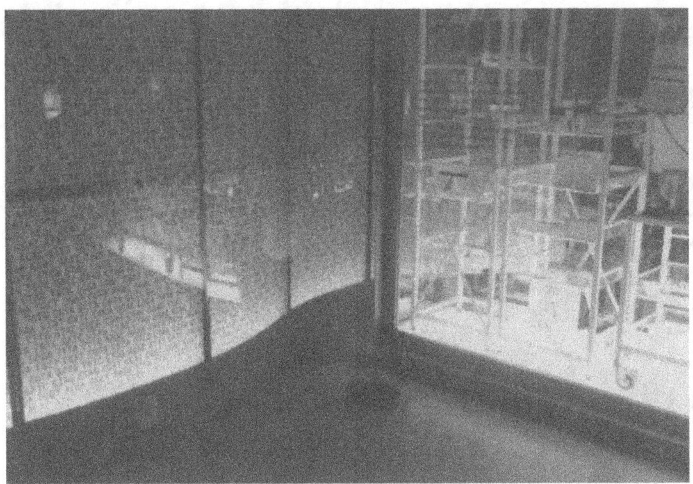

Antony Gormley, *Iron Baby*, 1999, esposto nella sezione *Who Am I?*
della *Wellcome Wing* - Courtesy Giovanni Berisio

bambino di ferro qui?" È una specie di stato mentale, una domanda che può essere virata su sé stessi, chiedendosi "Cosa diavolo sto
facendo qui?".

Con l'opera di questo artista siamo, evidentemente, in un altro
territorio. Quello che abbandona l'arte elettronica e interattiva per
fare uso dell'arte tradizionale in contesti decisamente inconsueti.
Quella fisica, insomma, non è l'unica interazione possibile. E pensare che la pittura e la scultura non possano uscire dalle loro cornici
espositive più consuete sarebbe una sottovalutazione. Certo, si tratta di un coinvolgimento diverso, a livello semplicemente visivo ed
emotivo, ma ugualmente molto intenso. "Insomma, dopo tutto questo gran parlare dell'arte interattiva, hands-on, coinvolgente ed espe-
rienziale, alla base del connubio tra arte e scienza nei science centre
con cui ci avete intrattenuto fino a qui, ora ritorniamo al classico,
vecchio quadro?" ci chiederete. Ebbene sì. Del resto basta dare un
rapido sguardo alla creaturina di Gormley per capire come anche
un'opera statica e gelida possa offrire un'esperienza straordinaria.
Anche se esclusivamente emotiva. Il *Science Museum*, in questo

senso, con le sue opere e le sue attività offre una chiara dimostrazione. Nella sezione *Who Am I?*, la *Wellcome Wing* espone lavori
realizzati con il pennello, la penna o la scultura più tradizionale.
Marlene Dumas, con i due acquerelli *The Expert* e *The Experiment*,
invita il visitatore a riflettere sul significato della scienza e dell'essere
scienziati. L'artista chiede esplicitamente: "Credereste a questa persona?" riferendosi al ritratto *The Expert*. "Cosa hanno fatto gli scienziati a questa persona?" è la domanda che accompagna il secondo
acquerello. Per entrambi la risposta è "Non lo sappiamo".

In tutto questo, in qualche modo, la *Wellcome Wing* ha fatto
scuola. Proprio dal successo ottenuto dalle installazioni artistiche
presenti in questa sezione, infatti, il *Science Museum* ha istituito un
programma artistico strutturato e continuativo che va a rafforzare
la politica dei numerosi e assai efficaci interventi occasionali portati avanti fin dal 1995. Una decisione nata da una precisa attività di
valutazione condotta all'interno della stessa *Wellcome Wing* che,
come spiega Hannah Redler, attuale Head of Arts dell'azione artistica del *Science Museum*:

> Ci ha fatto capire che non stavamo sfruttando al meglio l'arte e le
> sue potenzialità. Dentro il design spesso a forte impatto delle nostre
> mostre, la gente non riusciva a vedere la differenza tra arte e design.
> E non si sentiva abbastanza sicura per fare le domande che l'arte
> mirava a far sorgere. Sulla base di questa esperienza, presso l'*Energy
> gallery*, che è una galleria interattiva, recentemente abbiamo creato
> delle etichette digitali interattive a fianco di ciascun lavoro artistico
> commissionato. Ciascuna contiene sei domande, quelle che noi pen-
> siamo il visitatore possa farsi, se solo, come dire, se ne desse il per-
> messo. Per esempio: "Che cos'è questo?", "Chi l'ha fatto?",
> "Perché è stato fatto?", "Perché è qui?", "Quali domande ti fa sor-
> gere?". È stato un approccio estremamente interessante e positivo
> che ha prodotto un intenso dialogo e dibattito tra i visitatori.

Tutto qui? No. O almeno, non proprio. Perché ci sono, anche,
le mostre che il *Wellcome Trust* ha curato presso il *Science Museum*
nei primi anni del Duemila. Iniziativa che non può non far riflettere. La *Wellcome Trust* è, infatti, la società filantropica fondata nel

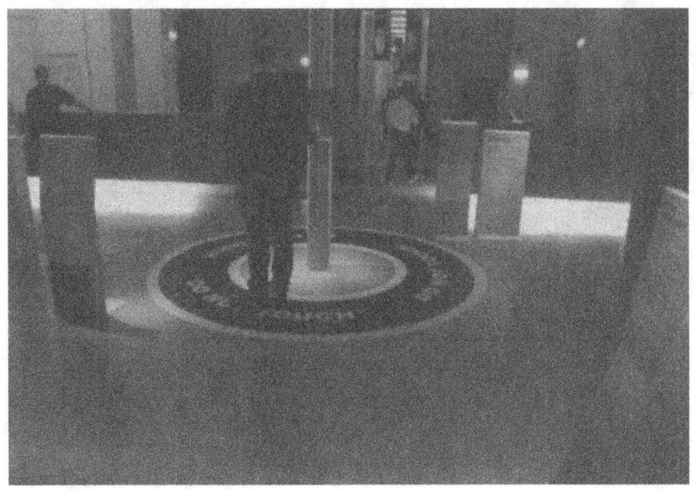

Christian Moeller, *Do not touch*, 2003
Courtesy Giovanni Berisio

1936 per promuovere la ricerca biomedica, storico-medica e la comunicazione scientifica presso il grande pubblico. Significativo, quindi, che un'organizzazione come questa abbia scelto per la sua *mission* di sperimentare il connubio tra arte e scienza. E, per di più, di farlo all'interno di un science centre.

Metamorphing: Transformations of the Body, del 2002, giocava sul corpo e la sua metamorfosi: nella leggenda, nell'arte e nella scienza. Esplorando i mutamenti nella forma e nella sostanza attraverso i miti, le divinità, i demoni, le streghe, ma anche l'embriologia, la crescita, l'invecchiamento, l'evoluzione della specie, i mutamenti mentali. Più di cento elementi hanno dato forma a questi temi utilizzando una varietà di materiali: dai reperti preistorici fino alle opere d'arte contemporanea. Toccando tutti gli ambiti della produzione artistica, dalle sculture agli oli su tela, ai video, ai disegni. Una commistione di approcci artistici i più diversi, dunque, così come è acca-duto con *Future Face* del 2005, la mostra che ha chiuso il ciclo organizzato dalla *Wellcome Trust*. Temi centrali, in questo caso, faccia e identità, ricostruzione e modifica dei volti, il viso virtuale, il viso del futuro. Tra medicina, cosmetica e questioni di identità.

Concludiamo questo lungo viaggio nell'avventura tra scienza e arte di questo museo con delle grandi idee. O, sarebbe meglio dire, con delle *Big Ideas*, perché questo è il nome corretto del progetto lanciato dal *Science Museum* in collaborazione con la *British Association for the Advancement of Science*, e la *European Dana Alliance for the Brain* nel 2005. A fare da contenitore al tutto è il *Dana Centre*, nato da una costola dello stesso *Science Museum*, che è

> un luogo per sperimentare eventi dialogici, integrando il meglio dell'arte, della performance e del multimediale per provocare discussioni e coinvolgimento reale del pubblico sull'argomento del giorno.

Il *Dana Centre*, va detto subito, si presenta come un luogo molto *cool*, anzi "elegante e di moda", come si autodefinisce, fatto apposta per coinvolgere le persone nelle tematiche della scienza, della tecnologia, della cultura. *Big Ideas* ha visto la partecipazione di differenti artisti con un obiettivo: avvicinare il pubblico agli scienziati attraverso il processo artistico. In questo contesto la stessa ricerca diventava una performance, come succedeva in *You are afraid,* in cui decine di persone si interrogavano sul significato della paura nella loro vita: la morte, le fobie, il terrorismo, la follia. O con *1+1=∞*, in cui, con una rivoluzione architettonica dello stesso ambiente, le persone, senza restrizioni, si interrogavano, interagivano, si incuriosivano traendo conclusioni su vari argomenti. Bevendo un drink.

Strane storie: dal colluttorio al quasar

A questo punto del percorso una prima riflessione si impone. Perché, arte a parte, come già abbiamo cominciato a capire con i tre esempi precedenti, mettere in piedi questi grandi musei è un'impresa complicata. Per dare il via a progetti destinati a rendere il pubblico più educato e consapevole ci vogliono sostanziosi investimenti, oltre che buona volontà, creatività, fiducia nel futuro e, persino, una certa dose di incoscienza. Ci vuole, anche, quel pizzico di casualità che fa nascere le cose e poi le trasforma in qualcosa d'altro. Per cui, come vedremo tra poco, anche da un preparato per l'igiene orale può prendere vita un istituto museale di grande prestigio, che sfida gli alti e bassi della storia, e il passare degli anni, per diventare sempre più moderno e interessante. Non che sia una passeggiata, lo ripetiamo. Eppure, grazie a Dio, le vie del Signore non sono finite. Questi luoghi continuano a nascere, a crescere, a rinnovarsi. E a sperimentare. Perché, evidentemente, mentre gli interrogativi che riguardano la nostra esistenza su piccola e grande scala continuano a fiorire, aumenta anche il bisogno di trovare dei luoghi in cui riflettere e interrogarsi, raccogliendo nuove sfide intellettuali e comunicative, sfide in cui l'arte si inserisce con grande agio. Non so a voi, ma a ripercorrere la storia della nascita e dello sviluppo di queste istituzioni, la loro innegabile energia, la capacità di adattarsi e reinvertarsi non appena se ne presenti l'occasione, rimane in bocca un sapore che sa di cultura, di progresso, di civiltà. Un sapore davvero buono, e senza bisogno di sciacqui alla menta piperita.

Hygiene Museum. Tradizionale sarà lei!

Trasferiamoci, dunque, in una nuova realtà. Ci spostiamo in terra di Germania, a Dresda, per la precisione. Qui, sorge l'*Hygiene Museum*, museo che deve le sua fondazione a un colluttorio. Il colluttorio *Odol* precisamente, prodotto da Karl August Lingner, già sponsor della *Prima esposizione internazionale sull'igiene* del 1911 – che richiamò in città più di cinque milioni di visitatori – e della seconda, nel 1930, con cui il museo, nato nel 1912, si trasferì ufficialmente nell'edificio progettato da Wilhelm Kreis in cui si trova ancora oggi.

È singolare osservare come la storia di questo museo, dedicato all'educazione sanitaria, all'anatomia, all'igiene, si incroci con i travagliati destini della Germania. Nei primi anni della sua esistenza, sotto la Repubblica di Weimar, svolse un importante ruolo di comunicazione e democratizzazione dei concetti legati alla salute. Poi, sotto il nazismo, il patrimonio e l'indirizzo pedagogico del museo furono messi al servizio dell'ideologia razziale. Le bombe della seconda guerra mondiale lo distrussero in gran parte, assieme a molte sue collezioni. Alla fine del conflitto finì sotto la Repubblica Democratica Tedesca, per tornare a svolgere il suo ruolo nell'educazione sanitaria. Fino al crollo del muro, all'unificazione delle due Germanie e alla storia attuale. Che, nei primi anni del Duemila, ha visto svolgersi una consistente operazione di restyling che ha riportato l'edificio allo stato originale, seppur con l'inserimento di elementi moderni, in un vivace dialogo architettonico tra modernità classica e contemporaneità.

Una cosa va detta subito: questo, al confronto degli altri di cui raccontiamo in questa parte del libro, è un museo di dimensioni inferiori e le sue sezioni permanenti sono più strettamente legate alla museologia classica. Sebbene nella sua presentazione il *Deutsches Hygiene-Museum* rigetti in parte questa lettura autodefinendosi "qualcosa di più di un museo in senso tradizionale". Al centro dei suoi interessi, in ogni caso, le dimensioni biologica, sociale e culturale dell'uomo, con manifestazioni e mostre che "ne fanno un forum aperto e indipendente per il dialogo tra scienza e società, arte e cultura".

Corpo, salute, essere umano, questi i temi. 2500 metri quadrati di superficie per le esposizioni, 1300 oggetti esposti, questi i numeri. Con una parola d'ordine che è "sorprendersi, imparare, sperimentare". E uno spazio dedicato ai più giovani, il *Museo dei ragazzi*, con attività per bambini e adolescenti sul tema dei cinque sensi.

E poi ci sono le mostre temporanee tra cui *L'uomo nuovo* (1999), *L'uomo (im)perfetto* (2000), *I dieci comandamenti* (2004/2005), *Il mito Dresda* (2006). Che vedono la collaborazione di scienziati, artisti, designer e architetti.

Gli artisti, per la verità, sono coinvolti anche nelle collezioni permanenti, divise in sei aree tematiche: *L'uomo trasparente*, immagini dell'uomo nelle scienze moderne; *Vivendo e morendo*, dalla prima cellula alla morte dell'individuo; *Bevendo e mangiando*, la dieta, tra fisico e cultura; *Sessualità*, amore, sesso e stili di vita nell'età della medicina riproduttiva; *Motion*, l'arte della coordinazione; *Ricordando, pensando, imparando*, l'universo del cervello umano; *Bellezza, pelle e capelli*, i legami tra il corpo e l'ambiente. Fanno parte della collezione *Sessualità* le foto di uomini e donne nudi di Greg Friedler. *Naked New York*, questo il nome del progetto, è una serie di ritratti in cui le connotazioni erotiche svaniscono lasciando il posto a una sorta di indagine antropologica su ciò che è pubblico e ciò che, invece, è tradizionalmente intimo e privato, sulle differenze e le similarità dei corpi, sull'approccio dello spettatore allo stesso individuo nudo e vestito, sul pudore. *Talking with Aids worm* è una scultura in legno del 1990, uomo contro mostro, ad affrontare la tematica dell'AIDS. *Beauty, skin, and hair* propone busti in legno, cicisbei intenti ad agghindare damine di ceramica, una Venere ingioiellata che arriva dall'antichità, persino componenti del salone di un *coiffeur*. *Bevendo e mangiando* propone foto di Jacqueline Merz e dipinti del Settecento.

Il tentativo di svincolarsi dall'etichetta di tradizionale, nell'*Hygiene*, passa quindi anche attraverso l'arte. Con una collaborazione spesso molto stretta. Un esempio? *Avventure nella Mente: il Cervello e il Pensiero*, del 2000, è stata la mostra che ha esplorato la mente, il pensiero e la materia grigia che lo produce, tentando di svincolarsi dall'impostazione più classica e puramente scientifica a favore di un approccio multisensoriale, che potesse coinvolgere il pubblico in maniera diversa. A darsi vicendevolmente una mano in una intensa *partnership* che raggiungesse questo ambizioso obiettivo ci si sono messi in tre: un medico, l'artista visivo Via Lewandowsky e il poeta Durs Grünbein, con la supervisione della dottoressa Susanne Hahn, membro dello staff del museo.

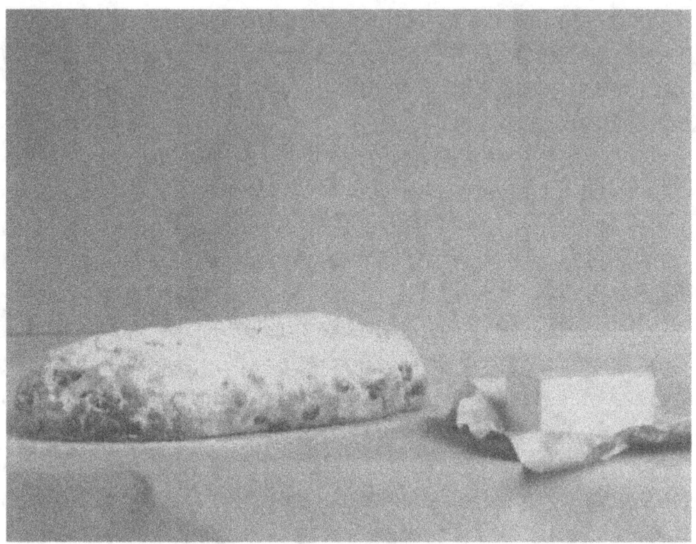

Jacqueline Merz, *Kulinarisches Erbe, Dresdner Stollen*, 2004
Courtesy Deutsches Hygiene Museum

Nelle fasi di preparazione della mostra gli artisti si sono focalizzati sullo studio del cervello, della mente, del corpo e del pensiero umano, concentrandosi anche sull'anatomia e sui progressi scientifici in materia. Successivamente hanno sviluppato la base artistica, dividendo i contenuti scientifici in quattro parti: anatomia e psicologia del cervello, intelligenza, malattie e disturbi del cervello più una sezione interattiva con esperimenti, test e giochi. Lo spazio espositivo è stato organizzato come un lungo corridoio attraverso il quale si sviluppavano diciassette stanze divise tra destra e sinistra, una rappresentazione metaforica dei due emisferi. Di stanza in stanza, veniva ripercorsa la lunga storia della ricerca sul cervello: dall'inizio del Ventesimo secolo fino alle ultime scoperte sul suo funzionamento. E poi l'intelligenza artificiale, la morte cerebrale, il riposo, i più importanti disturbi del cervello e le possibili terapie. Con una scritta su ogni porta a illustrarne il contenuto, a fungere da linee guida per orientarsi all'interno di tutto lo spazio espositivo, a incuriosire. A partire dalla prima, che accoglieva lo spettatore già nel corridoio: "Il cervello è impenetrabile"?

Il successo della mostra, con 120.000 spettatori in sei mesi, ha convinto gli organizzatori a continuare in questo tipo di impresa e di collaborazione tra figure professionali diverse. Tra le molte mostre temporanee organizzate, *Sex. Facts and Fantasies*, del 2001-2002, ha presentato il forte legame tra arte e sessualità, passando in rassegna molti artisti che nel corso della storia hanno aperto nuovi orizzonti abbattendo i tabù. Nella mostra dedicata ai *Dieci comandamenti*, del 2004-2005, trovarono spazio 100 lavori di 69 artisti internazionali. Opere che, nelle parole del suo curatore Klaus Biesenbach,

> non erano espressamente legate ai dieci comandamenti, e non erano destinati a illustrarli. Ma scelte, piuttosto, per mostrare i diversi aspetti legati alle istanze etiche e sociali nel mondo di oggi. Come i biblici comandamenti parlano direttamente all'individuo, i lavori artistici dirigono i loro quesiti all'individuo e alle sue personali convinzioni etiche.

Nel comunicato stampa saltava all'occhio come la presenza della folta schiera di artisti fosse centrale nella mostra. Di più: l'intera impostazione, il tema trattato, le domande che erano alla base della mostra venivano stimolate, veicolate, interpretate grazie al loro sguardo. Quello di Pier Paolo Pasolini, di Maurizio Cattelan, di Orlan, l'artista che modifica il suo stesso corpo con innesti e operazioni di chirurgia estetica, di Andrea Zittel che ricrea ambienti nuovi di zecca, inseguendo un ideale di efficienza. Mica male per un museo che, all'inizio, abbiamo definito come tradizionale.

Sleeping and dreaming in inglese, *Schlaf & Traum* (Schlaf & Traum 2007*)* in tedesco, è la mostra che ha unito l'*Hygiene Museum* con la *Wellcome Collection* di Londra, nuova realtà della *Wellcome Trust* (organizzazione da noi già incontrata per le sue collaborazioni con il *Science Museum*), aperta a metà del 2007 con più di mille metri quadri di esposizione. Così, dopo essere stata a Dresda fino all'ottobre del 2007, l'*exhibition* si è spostata in Gran Bretagna, ospitata, per l'appunto, dalla *Wellcome Collection*, fino ai primi mesi del 2008. Perché dormiamo? E perché si sogna? Questi i temi centrali della mostra che portava lo spettatore dentro i misteri della notte: nei processi biochimici e neurologici, nei nostri sogni, nelle

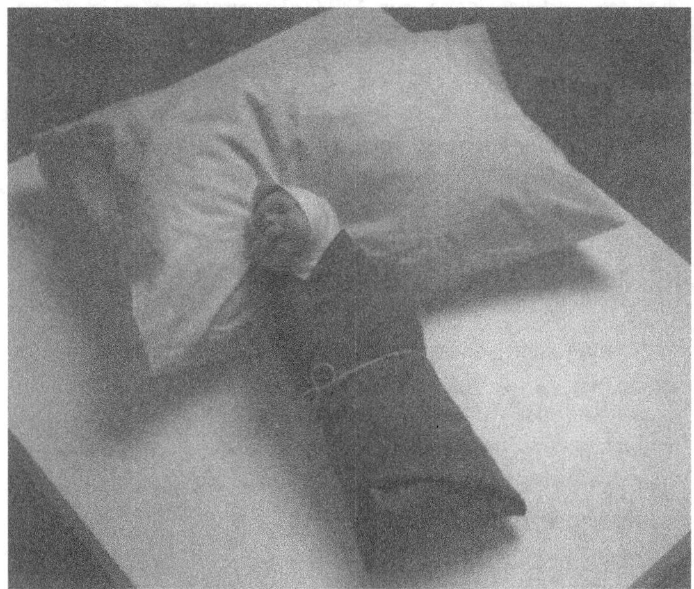

Ron Mueck, *Swaddled Baby*, 2002
Foto: Mike Bruce, Gate Studios, Londra
Courtesy Deutsches Hygiene Museum

ipotesi sui cambiamenti storici e culturali del dormire. Anche con l'aiuto di artisti, di ieri e di oggi. Da Paul McCartney, che descriveva come un suo sogno gli sia stato molto utile per il suo *Yesterday*, a Giuseppe Tartini, che scrisse il suo *trillo del diavolo* grazie a una speciale esibizione che il signore delle tenebre volle tenere per lui solo, dentro un suo incubo. Dal neonato avvolto nella stoffa marrone di *Swaddled Baby* di Ron Mueck a *The Yawner*, opera del Settecento che rappresenta una testa di uomo che sbadiglia, di Franz Xaver Messerschmidt. E, inoltre, *El sueño de la razón produce monstruos* di Goya, *Sleep concert* di Miyashita Fumio, concerti soporiferi per giapponesi stressati, *Man and Mouse* di Katarina Fritsch, con un enorme topo nero che schiaccia un uomo addormentato, e molte altre opere ancora. Ogni sezione la sua collezione.

Oltre la scienza, insomma. E dentro l'arte, che qui si faceva interprete di un mondo fantastico, fuori dalle leggi della fisica, dello spa-

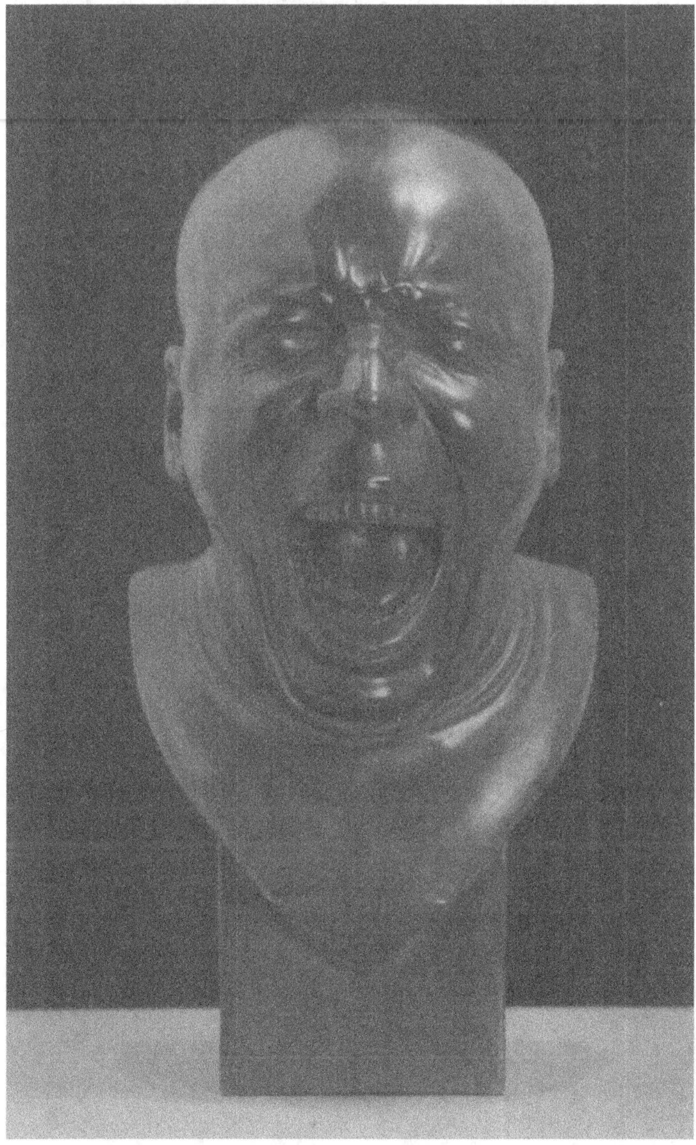

Franz Xaver Messerschmidt (1736-1783), *The Yawner*
Slowak National Gallery, Bratislava
© Photo: David Brandt, Courtesy Deutsches Hygiene Museum

zio e del tempo, in cui la logica non esiste, in cui nulla è stabilito e tutto può succedere. E di cui l'artista poteva farsi interprete e protagonista, srotolando di sala in sala una sorta di filo di Arianna, un ideale *trait d'union*, per offrire al visitatore attraverso i suoi occhi una guida espressiva e interpretativa. Qui, come in altri casi e in altre esperienze dell'*Hygiene Museum*. La recentissima *GLÜCK - WELCHES GLÜCK* del 2008, esplorava il concetto di felicità (in tedesco *Gluck*, per l'appunto), i suoi diversi significati, il suo valore nel nostro vivere, le sue contraddizioni, assieme a quelli di giustizia, di società, di solidarietà. Felicità illustrata nei suoi aspetti più familiari e, anche, quelli meno scontati, come simbolo di libertà, di amore, di fede, come sinonimo di utopia, di immortalità, di intuizione. Mettendo insieme oggetti scientifici, exhibit, arte contemporanea e non. Il direttore artistico della mostra? Meschac Gaba, artista del Benin, che ha contrassegnato ciascuna delle sette sezioni in cui si articola la mostra con dei grandi *tableau* da lui stesso creati.

Ars Electonica Centre. L'*atelier* dell'innovazione

A Linz, Austria, c'è un museo, c'è un festival e c'è, anche, un concorso. Stanno tutti sotto lo stesso nome, perché il legame tra di essi è strettissimo. Il museo si chiama *Ars Electronica Centre* che, mentre stiamo scrivendo, sta ampliando la vecchia sede con una nuova ala a più livelli, adiacente all'edificio già esistente, aperto a metà degli anni Novanta. Alla fine dei lavori, le due strutture

> verranno raccordate e avvolte in una copertura di luce e vetro a creare un'unità architettonica, una scultura luminosa che farà da contraltare, lungo il Danubio, al *Lentos Kunstmuseum*

che è il locale museo d'arte moderna. La nuova entità, con i suoi 6500 metri quadrati di superficie, ben 4000 in più di quella già esistente, sarà davvero imponente. Data prevista per la consegna: la fine del 2008, giusto in tempo per l'appuntamento con l'anno europeo della cultura del 2009, che avrà proprio in Linz la sua sede. Al suo interno, precisamente al pianterreno, troverà spazio l'*Ars*

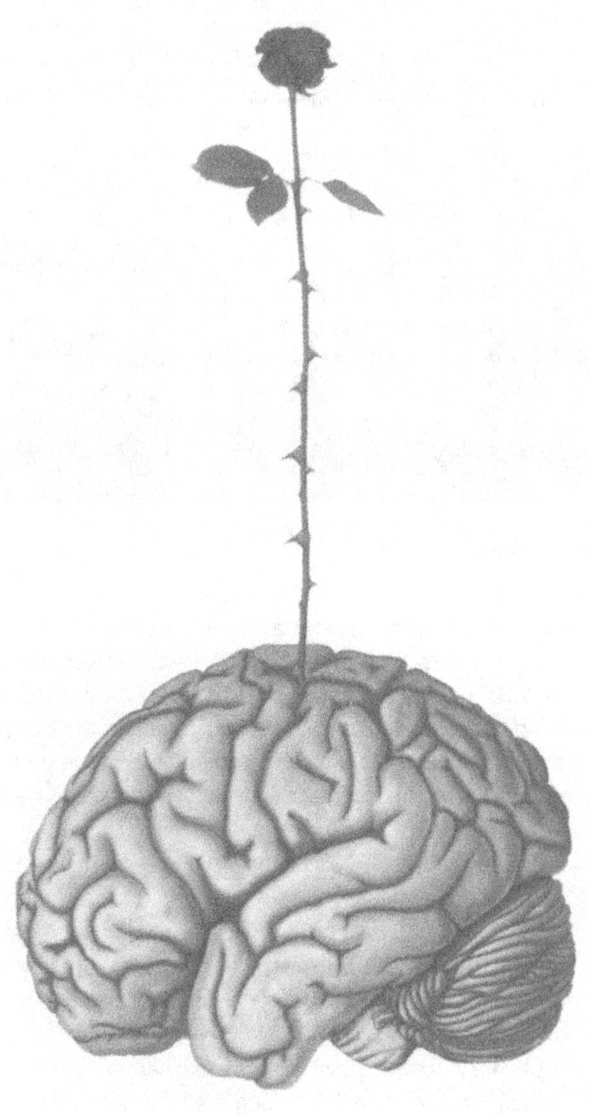

Meschac Gaba, *Happiness*, 2007
Courtesy Deutsches Hygiene Museum

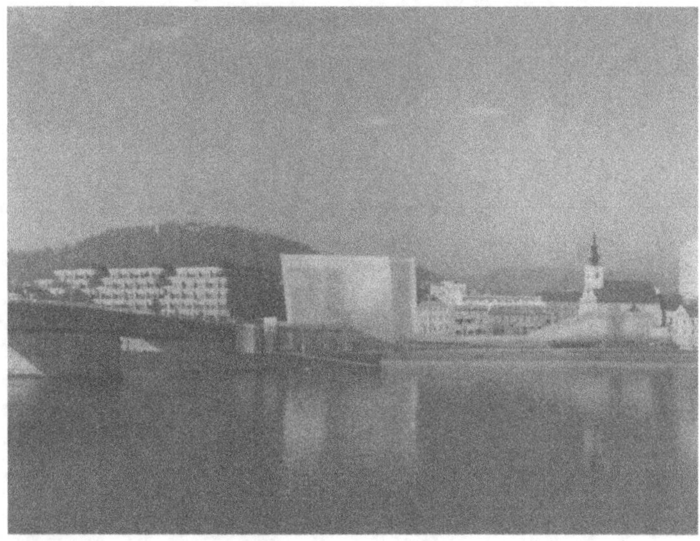

Design della nuova ala dell'Ars Electronica Center
Courtesy Ars Electronica Center

Electronica Futurelab, una vera e propria fucina di nuovi talenti della tecnologia, un mondo interattivo, multimediale e caratterizzato da un approccio tutto nuovo con la progettazione e il design, fatto apposta per indagare, attraverso l'arte e la ricerca, la complessa interazione tra comportamento umano e computer. Sotto la nuova piazza che si verrà a creare saranno collocati invece gli spazi per le mostre temporanee.

Con l'*Ars Electonica Centre* tocchiamo un altro aspetto ancora dell'interazione tra arte e scienza nei musei. Perché questa creatura innovativa che vanta un consistente successo, è qualcosa a metà strada tra un science centre e un museo di arte contemporanea. Un'entità nuova e difficilmente incasellabile, una sorta di ibrido, in cui vengono esplorati i molteplici aspetti e interconnessioni tra arte, tecnologia e società, creando così una grande sinergia fra attività espositive, ricerca, agorà, eventi. Un luogo proiettato avanti nel tempo per conoscere, provare, sperimentare, giocare, personalizzare, imparare. Un vero e proprio atelier dell'innovazione, insomma.

È, quello di *Ars Electronica*, un modello assai interessante e

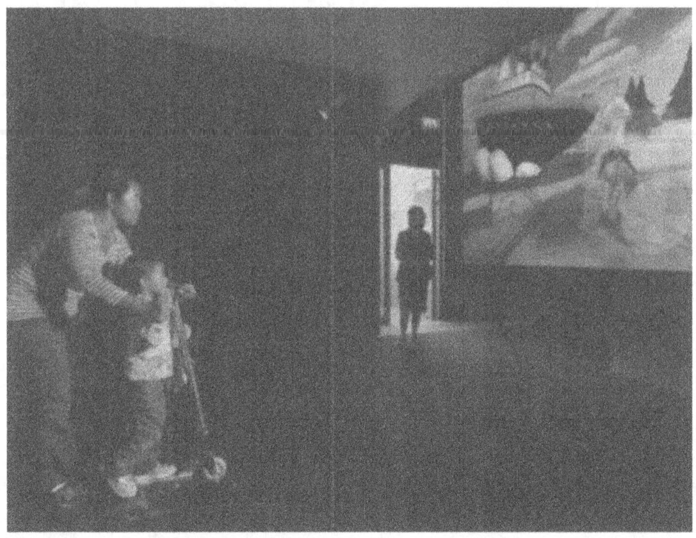

Gulliver's World - Scooter
Ars Electronica Futurelab (AT) - Courtesy Ars Electronica Center

sfaccettato di diffusione della cultura e dell'informazione sugli sviluppi tecnologici. Prima della sua nascita ufficiale, avvenuta una decina di anni fa, c'era, e c'è ancora, un festival che porta lo stesso nome, *Ars Electronica* che ha costituito un punto di riferimento imprescindibile a livello internazionale sull'arte dei media, in generale, e dei nuovi media, in particolare. Un festival organizzato in forma di incontri e grandi conferenze con, a fianco, le installazioni. Ogni anno un tema attorno a cui vengono chiamati a discutere artisti, scienziati, filosofi, giornalisti.

Dal momento che l'*Ars Electronica Centre* è figlio del festival, in attesa che il nuovo edificio apra i battenti, concentreremo la nostra attenzione proprio sul festival che, nella sua tradizione quasi trentennale, potrà servire ai nostri scopi per presentare una realtà ormai consolidata, viva e originale in cui si è riusciti a far emergere e a rappresentare con efficacia tematiche di attualità scientifica a volte assai complesse e, per questo, solitamente relegate all'interno dei laboratori di ricerca. In questo percorso, il contributo degli artisti è stato determinante, soprattutto nell'incentivare la partecipazione pubblica del tema. Ogni anno *Ars Electronica* commissiona ad artisti e designer un certo numero di installazioni legate al tema selezionato, che vengono esposte poi durante il festival. Per produrle, il centro mette a disposizione i propri laboratori e il personale tecnico che supporta il lavoro dell'artista. La parola atelier utilizzata più sopra per descrivere questa realtà non è stata usata per caso.

Parlavamo all'inizio anche di un concorso, che è oggi il più importante appuntamento europeo in questo settore. Con tanto di premio, il *Prix Ars Electronica*. Basta dare un'occhiata al sito per avere un'idea del patrimonio straordinario di lavori presentati nel corso degli oltre due decenni di attività, in cui dall'elettronica e dall'informatica ci si è spostati sempre più verso la Net art.

Nell'arco degli ultimi dieci anni, in particolare, i temi del festival hanno formalmente cercato di essere la cartina al tornasole degli avvenimenti che stavano squassando la scena digitale, e non solo. Così, mentre nel 2002, a ridosso dello scoppio della guerra in Iraq, era il turno di *Unplugged, art as the scene of Global Conflict,* nel 2003, epifania della Software art, oggetto di indagine era *CODE. The language of our times*: il codice, inteso come linguaggio di programmazione o descrizione di processi, sempre più al centro degli interessi dei teorici e degli artisti dei nuovi media.

L'edizione del 2005 aveva un titolo quasi autoreferenziale: *Hybrid, living in paradox*. L'ibrido come simbolo del cambiamento evolutivo, in una presentazione che suddivideva le diverse proposte nelle sezioni *Culture, Politics, Ecologies* e *Creatures*. Fra i progetti più interessanti quelli che proponevano esperienze sonore, come  *G-Player* (*Global Player*) di Jens Brand, con un dispositivo che rivelava la posizione dei satelliti ufficiali seguendone la traiettoria: le differenti altitudini del satellite venivano trasformate in suono. O  *Gravicells* di Seiko Mikami e Sota Ichikawa, che permetteva di percepire la gravità terrestre muovendosi nello spazio dell'installazione: i movimenti dei visitatori erano captati da sensori e trasformati in suoni e immagini geometriche.

 Anche *Translator II: Grover* di Sabrina Raaf trasformava un fenomeno fisico in segno grafico. Nella sua opera un piccolo veicolo si spostava lungo i muri dello spazio espositivo rilevando, grazie a un sensore, il tasso di anidride carbonica nell'ambiente. Dopo

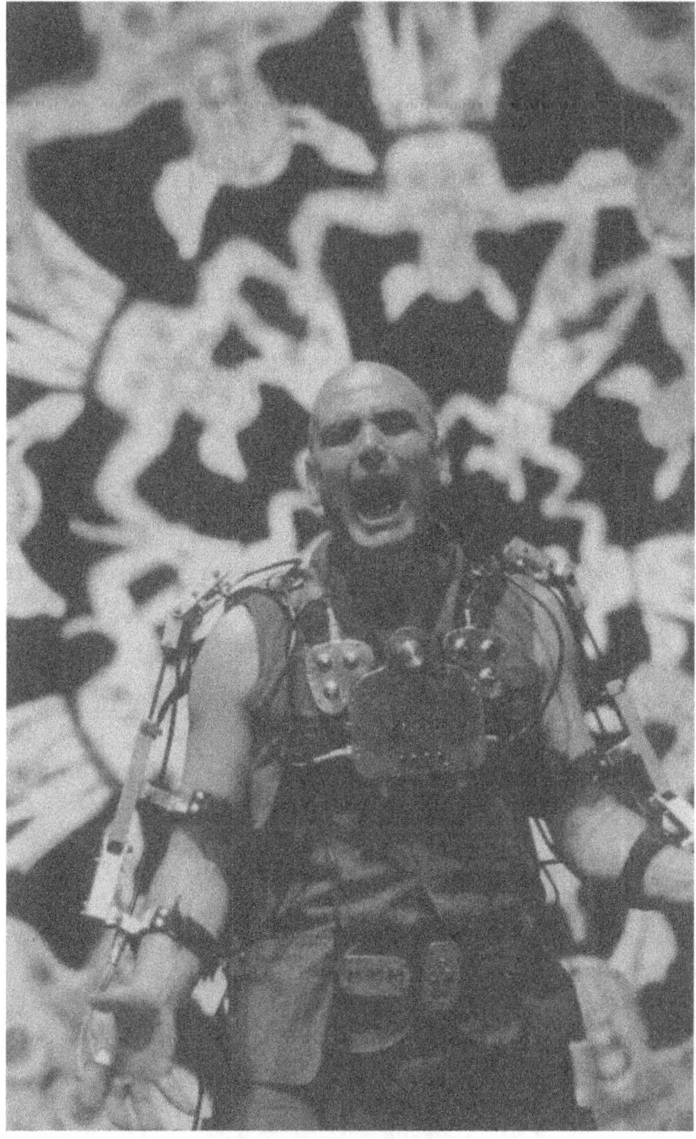

Marcel.li Antúnez Roca, *POL - Mechatronic Performance*
Ars Electronica 2003: CODE
Courtesy Pilo Pichler

il *check*, disegnava sul muro dei fili d'erba di altezze differenti corrispondenti al livello di anidride nella stanza: più visitatori c'erano, tanto più alta cresceva l'erba. Nel 2006 tocca invece a *Simplicity the art of Complexity* che ha avuto come curatore dei simposi il guru del MIT: John Maeda. Tra i partecipanti Walter Bender che parla della realizzazione di un portatile a 100 euro, e Gary Chang, architetto cinese che ha progettato una casa in cui tutte le componenti sono racchiuse nel pavimento di legno.

Nel 2007 ecco invece *Goodbye privacy*, questo il tema dell'anno, una riflessione sulla perdita della *privacy* nella nostra società. Una perdita tanto involontaria – in una vita segnata da sistemi di sorveglianza e dispositivi di tecnologia mobile in grado di registrare molte delle nostre azioni, fisiche o virtuali – quanto volontaria – con tutti i sistemi che oggi ci permettono di esibire la nostra vita in pubblico.

Ars Electronica si è avvicinata al tema attraverso un approccio *fisico*, suggerendo anche nelle strutture architettoniche la mescolanza di pubblico e privato; e per fare ciò ha amalgamato assieme spazi urbani e spazi dedicati al festival lungo tutta una strada del centro di Linz: la Marienstraße.

Strada che, per l'occasione, ha anche cambiato nome in *Second City* e sembianze, assumendo i connotati di una delle tante strade che compongono la mappa virtuale di *Second Life* nell'allestimento del tedesco Aram Bartholl. Con la replica di alcuni oggetti tratti proprio da quel mondo e inseriti nella realtà della strada e performance come quella, ironica e divertente, di Eva e Franco Mattes (a.k.a 0100101110101101.ORG) intitolata *Synthetic Performances*, in cui

i due artisti in carne e ossa hanno reinterpretato tramite i loro avatar, all'interno di uno spazio espositivo in *Second Life*, tre celebri performance artistiche.

CosmoCaixa. **Museologia totale**

Completamente rinnovato, ha riaperto i battenti nel 2004. Il *CosmoCaixa*, in realtà, nasce nel 1980, a Barcellona. Vent'anni di

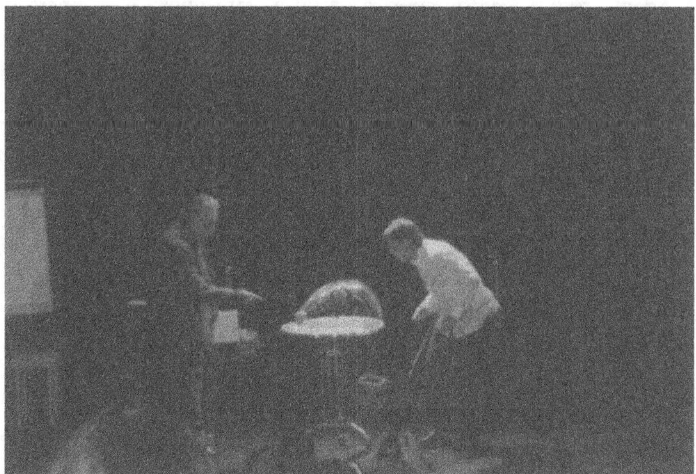

Jorge Wagensberg nello spettacolo sulle bolle di sapone di Pep Bou durante l'*Annual Conference* di *Ecsite 2004*

esperienza alle spalle, dunque, prima di infilarsi un vestito tutto nuovo cucito dai migliori sarti per mettere a frutto e capitalizzare tutto ciò che già era stato maturato nella lunga esperienza precedente. Con un piccolo slogan a mettere il sigillo all'intera operazione e al concept alla base della ristrutturazione: *museologia totale* (Wagensberg 2005). Così la definiva l'allora direttore Jorge Wagensberg, un tipo assai simpatico che capitava di vedere abbandonare il suo ruolo istituzionale per intrattenere il pubblico del museo, giocando con le bolle di sapone in compagnia di Pep Bou, artista dell'impalpabile, capace di ricreare magici mondi, in un soffio.

Il *CosmoCaixa* nuovo di zecca, insomma, parte dall'aver ampiamente capitalizzato non solo la propria esperienza, ma anche il grosso dibattito sulla museologia che si è animato in numerose agorà, come l'*Ecsite*, il *network* europeo dei musei della scienza. Nelle parole di Wagensberg un esaustivo quadro degli obiettivi del museo:

I musei della scienza di tutto il mondo sono in massima parte dedicati alla fisica. E, in ogni caso, rispettano la divisione accademica degli studi. L'idea da cui si è partiti è stata quella di rompere la struttura disciplinare, evitando di farsi prendere dalle logiche interne delle comunità dei ricercatori di fisica, chimica o biologia. L'obiettivo è fare un museo in grado di trattare in forme interdisciplinari la storia della materia, dalle origini ai giorni nostri.

La materia, dunque, qui è la protagonista assoluta. Curiosa e multiforme, di sala in sala è inerte, è viva, è intelligente, è civilizzata.
La sezione *Materia inerte* tratta l'origine, l'evoluzione e le leggi della materia anteriori all'apparizione della vita. Tra i protagonisti dell'area spiccano l'energia, le onde, la luce. Per vedere, per esempio, il comportamento delle particelle di un gas o come si propaga il suono. O per fare esperienza diretta dell'inerzia e della caduta libera dei corpi. *Materia viva* spiega il processo dell'apparizione della vita sulla Terra, la sua evoluzione e le strategie di adattamento degli essere viventi. *Materia intelligente* offre una panoramica che va dai neuroni all'apparizione del cervello, giungendo alla definizione di intelligenza. *Materia civilizzata* è la sezione dedicata alla conoscen-

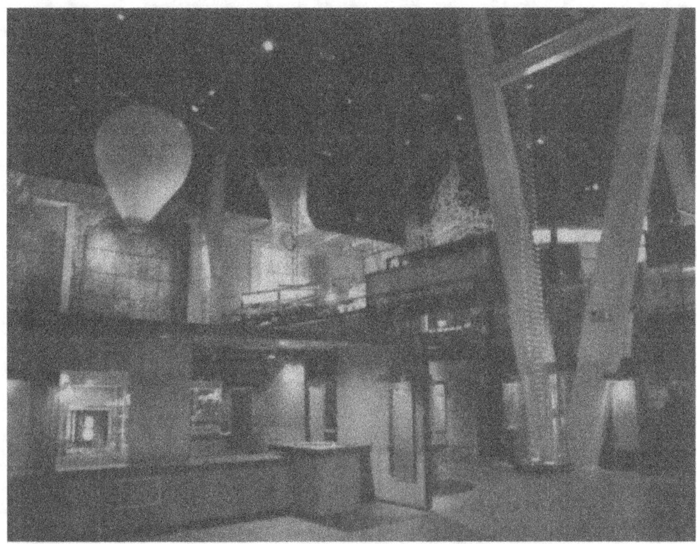

Visione d'insieme con il *Muro Geologico* sullo sfondo
Courtesy Giovanni Berisio

za, ai simboli, ai segni della cultura e della civiltà attraverso cui essa si tramanda. Raccogliendo, dal bipedismo alle prime industrie litiche, dal fuoco all'acquisizione dell'autocoscienza e del linguaggio, dal pensiero simbolico all'allevamento, all'agricoltura, all'alfabeto, e alla scrittura, i dieci eventi nella storia umana che rendono la nostra specie diversa dal resto della popolazione animale.

Accanto a tutto questo, poi, c'è il *Muro Geologico*, 70 metri di grandi sezioni di roccia. Ecco le ardesie, i sali di potassio, le arenarie. Ma anche varvas glaciali, calcareniti, crete vulcaniche, calcaree di faglie, esempio della geologia del mondo, supportato da video e guide interattive. E il *bosco inondato* che è una riproduzione della foresta amazzonica: mille metri quadri con cinquantadue specie animali, rane, pesci, caimani, tartarughe, ragni e serpenti, e ottanta specie vegetali, compreso un albero che, nelle intenzioni dei progettisti, richiama il lavoro di Gaudì. Oltre a un planetario e una piazza della scienza.

Come già anticipato da Wagensberg, dentro il *CosmoCaixa* dal nuovo look si è voluto portare avanti, anche, una rivoluzione di contenuti. Se prima, dentro ai musei, c'erano soprattutto la storia naturale e la fisica, ora, invece la parola d'ordine è *todo*, tutto. Fisica, chimica, geologia, astronomia, linguistica, semiotica, botanica, zoologia e arte, in rassegna, in gran parata, ma in ordine rigorosamente sparso. Niente filo conduttore. Non c'è un indice, né una scaletta. Robe buone per i libri, quelle. Impossibile pensare di mettere un *file rouge* in una realtà come quella rappresentata nel bosco inondato, che è una rete, semmai, non di certo un filo.

Bene, per gli ideatori del *CosmoCaixa*, un museo deve essere esattamente questo: un bosco. In cui ogni singolo elemento deve essere connesso agli altri, in un *continuum*, in una rete di interazioni fittissima. Lo sforzo fatto qui, nelle parole di Wagensberg, è stato quello di "mostrare oggetti reali e fenomeni reali". Che non sono separati e a sé stanti come tradizionalmente vengono rappresentati nei musei. Se il museo è un luogo dove si stimola la creatività e la ricerca di risposte, gli oggetti reali, e le rappresentazioni realistiche, devono essere il punto di partenza. Perché anche se i musei si dotassero di tutti i più avveniristici dispositivi con i quali il visitatore potesse interagire e relazionarsi, mancherebbe comunque un aspetto basilare: la realtà, come elemento fondante della relazione. Con una scommessa che è evidentemente sottesa, difficilissima da vincere visti questi presupposti: quella dell'interdisciplinarietà.

Esempi? Eccone uno, in forma di possibile itinerario che mette insieme la materia inanimata, le api, la pelle, i pavimenti. Che c'entrano l'uno con l'altro? È Wagensberg a spiegarcelo:

> La materia, quando è libera, non aggregata, isolata, tende ad assumere la forma circolare. Ma se inizia ad aggregarsi, allora possiamo vedere che la forma di minima energia diventa l'esagono. Lo stesso esagono che troviamo negli alveari, ma anche nelle strutture della pelle o, infine, in molti pavimentazione pubbliche in diverse parti del mondo.

Qui è la forma geometrica a diventare il filo di Arianna che unisce e mette in comune, non senza un pizzico di divertente sorpresa, uomini, insetti e pavimenti. Ma il gioco della trasversalità, dell'interdisciplinarietà, dei sei gradi di separazione può cominciare anche da un bellissimo pezzo di ambra incastonato in un prezioso monile che, a ben guardare, contiene una minuscola formica che zampettava laboriosa molti, molti anni fa, quando, a un tratto, la lacrima di un albero la soffocò, regalandole l'immortalità. Partendo da lì, immaginando e riproducendo com'era la colonia di quella formica "30 milioni di anni e 30 secondi da oggi, poco prima che la goccia di resina l'immobilizzasse per sempre" si può parlare di entomologia, di botanica, di geologia, di fisica, persino, perché l'ambra è capace di caricarsi elettricamente per strofinio: lo sapevate che dal termine greco che la indica, *Elektron*, ha preso il nome l'elettricità?

Bello, certamente. Anche perché di esperienze di questo tipo, in giro per il mondo, ne esistono poche. Il motivo di questa scarsità, spesso, è il costo di queste operazioni. Che sono affascinanti e stimolanti, sì, ma economicamente parecchie gravose. E, su questo argomento, vale la pena aprire un piccola parentesi, utile per comprendere fino in fondo l'enorme portata dell'esperienza spagnola. La via più semplice che gli oltre 250 science centre europei e i loro corrispondenti americani battono per organizzare i loro spazi e attrezzarli, è spesso quella di avvalersi di uno stock di materiale (exhibit, giochi, filmati) facilmente riproducibile e, di fatto, prodotto in serie o quasi. Il che, evidentemente, permette un consistente abbattimento dei costi. Tutto ciò ha portato a due fenomeni che non sfuggono a una stimolante contraddizione: da un lato, infatti, assistiamo a un'inedita diffusione dell'immagine della scienza, dall'altro uno spettatore girovago e appassionato di science centre non potrà non rimanere vittima di un bislacco *deja-vu* a Parigi come a Budapest, a Trieste come a Copenaghen. Per la prima volta nella storia, sorgono qua e là musei-clone che presentano gli stessi percorsi e gli stessi materiali. Il che, come abbiamo detto, non è avvenuto con il *CosmoCaixa*. Il museo di Barcellona, che ha alle spalle una fondazione bancaria catalana di enorme peso politico e finanziario come *La Caixa*, si è potuto permettere l'originalità. Mettendoci in campo, anche, innegabili capacità. Originalità che parte direttamente dagli exhibit, che sono tutti realizzati in casa, in alcuni casi con l'intervento di artisti, e che nulla hanno in comune con tutto ciò che si può trovare in giro per il mondo. Ecco così che, parola di Wagensberg,

> in *CosmoCaixa* si realizza l'unità della conoscenza e dei saperi, in un percorso espositivo che unisce fenomeni scientifici, opere d'arte, testimonianze naturali e storiche in un percorso che va dal Quark a Shakespeare.

Secondo la *Fondazione Caixa*, uno dei principali magnati della cultura iberica, la filosofia di questo nuovo centro è racchiusa "in un approccio interdisciplinare e nell'emozione come veicolo per la comunicazione". Insomma, avete presente lo specchio di *Alice nel Paese delle Meraviglie*? Bene, lo scopo dichiarato è quello di portare lo spettatore oltre quello specchio, con un coinvolgimento che riguarda tutti e cinque i sensi.

Per usare, ancora una volta, le parole di Wagensberg:

> Una mostra scientifica, essenzialmente, consiste nell'esibizione di oggetti reali e di esperimenti. Si tratta quindi di un concentrato di realtà, inserito nella sua ambientazione naturale e riorganizzato

con intelligenza ed eleganza. Parte del lavoro di un museologo è quello di creare nuove ambientazioni, più attraenti in alcune sezioni piuttosto che in altre.

Ecco così spiegata la foresta pluviale amazzonica, il naufragio, una collezione di fossili di insetti dell'era oligocenica, la caduta di meteoriti, un'epidemia infettiva, e tutte le splendide ricostruzioni presenti all'interno del museo. Tutto per presentare una realtà che possa far sorgere delle domande al visitatore sulla realtà stessa. Quando il visitatore, terminata la visita, ha nella sua testa domande nuove e diverse rispetto a quando vi è entrato, significa che quello che ha visitato era un buon museo, capace di fargli osservare il mondo con occhi diversi, stabilendo nuovi contatti, nuove relazioni, nuovi pensieri, riuscendo persino a fornirgli strumenti per effettuare delle scelte sociali.

C'è, evidentemente, un punto in cui la ricostruzione della natura, la sua spettacolarità, non può arrivare. A quel punto, *CosmoCaixa* usa il linguaggio artistico, veicolo di emozioni per eccellenza. Così, nelle sue sale, il teatro e il potere evocativo della musica sono impiegati per trasformare il visitatore in una meridiana, per svelare la musica insita nelle rocce e per ricreare il movimento della galassia. Mentre sculture fantasiose simboleggiano concetti come la capacità umana di trasformare la materia, o il caos dell'universo. Il tutto all'interno di uno splendido esempio di architettura d'avanguardia, opera degli architetti Esteve e Robert Terradas: 50.000 metri quadri di superfici per nove piani di estensione, con una rampa a forma di spirale invertita, metafora della struttura del DNA.

Se, come diceva Wagensberg, "arte e scienza sono due forme di conoscenza che si comportano come pendoli indipendenti" (Wagensberg 2005) i musei scientifici possono aprire le porte alle intuizioni scientifiche degli artisti: un museo bello e intelligente, e appassionante, del resto, non può che accrescere l'interesse degli individui e della società, senza differenze di classe o discriminazioni culturali. E acquisire così un pubblico veramente universale, grazie alle emozioni.

Le modalità sperimentate a Barcellona sono state diverse. Dalla scelta di ospitare negli spazi del museo opere d'arte non pensate

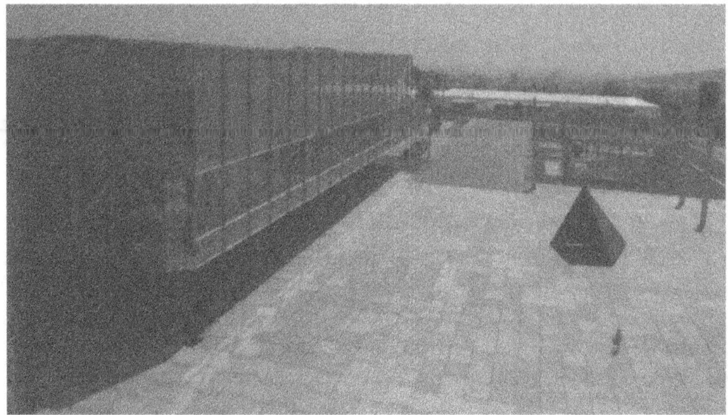

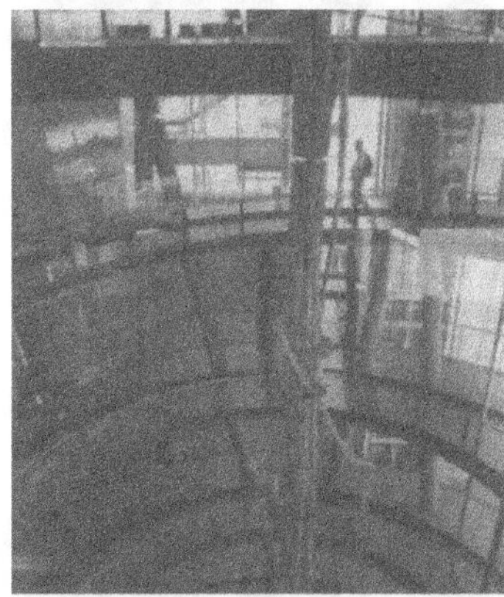

L'edificio degli architetti
Esteve e Robert Terradas
Courtesy Giovanni Berisio

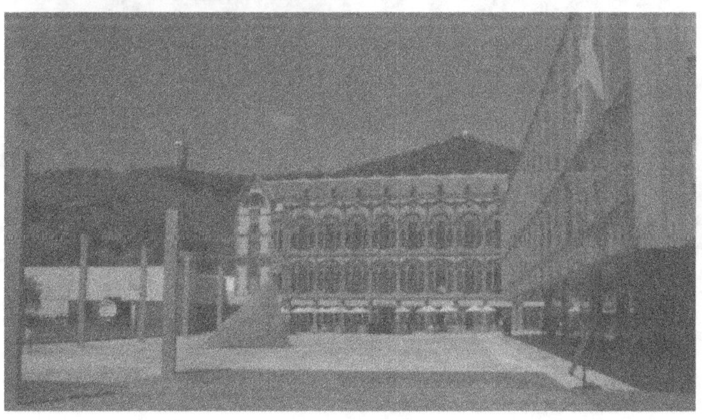

espressamente per essere incluse all'interno della collezione permanente o di una mostra temporanea, allo scambio di idee, stimoli, impressioni tra artista e museologo su temi specifici, una conversazione che qui ha prodotto risultati di estremo fascino. Come nasce questa collaborazione? Per esempio quando il museologo intuisce che un nuovo materiale può sedurre uno scultore. Così è avvenuto, per esempio, per *Insoutenable légèreté du cube*, l'installazione realizzata dall'artista Etienne Krähenbühl in collaborazione con il fisico Rolf Gotthardt dell'EPFL, l'Ecole Polytechnique

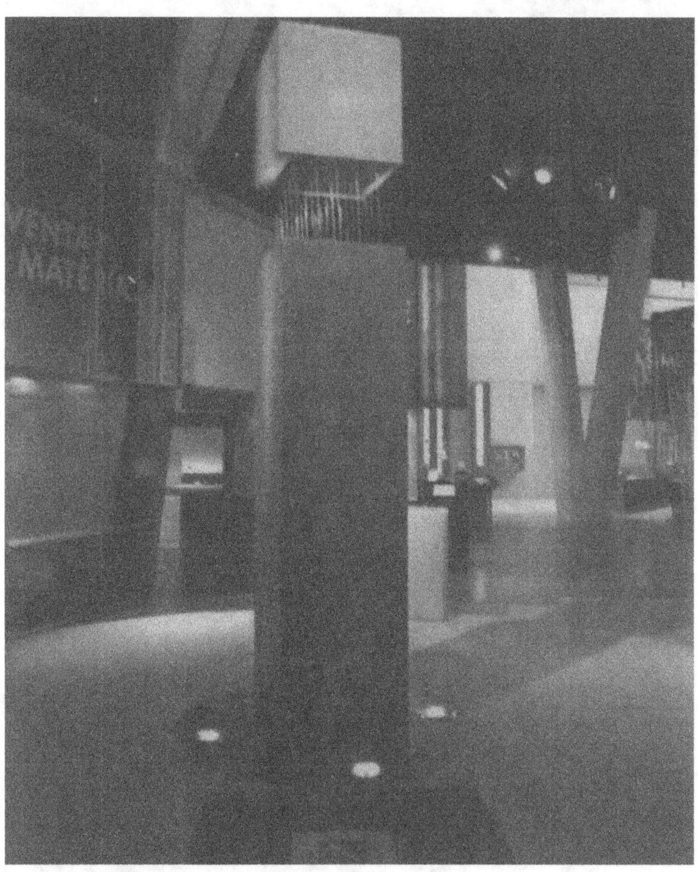

Etienne Krähenbühl, *Insoutenable légèreté du cube*
Courtesy Giovanni Berisio

Fédérale de Lausanne. Da un lato, dunque, c'è l'artista, che scopre nuovi materiali dalle caratteristiche sorprendenti, nuovi strumenti per dar sfogo alla sua creatività che, nello specifico, si infilano sin dentro una materia tutta nuova, superelastica e a memoria di forma. Dall'altro lo scienziato che contribuisce alla realizzazione dell'opera con il suo *know-how* e le sue conoscenze. Per otto anni di stretta collaborazione. È nato così un pesante blocco di acciaio sostenuto da 25 sottilissimi fili di materiale superelastico, una scultura-cubo sospesa da terra, che oscilla nell'aria disegnando un'impalpabile coreografia, una danza lievissima, vibrando in accordo con il passaggio del pubblico. Un'opera nata, come spiegava Etienne Krähenbühl, "per giocare con la nozione di tempo dentro la materia, che poi corrisponde a una ricerca del mondo dell'arte di antica tradizione".

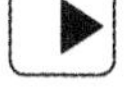

Ontario Science Centre. We count on you

Il nostro percorso, in questi due capitoli, può essere visto come una sorta di ellissi. O come un variopinto girotondo spaziotemporale. Perché si è aperto, e qui si chiude, nel Nuovo Continente, in un anno preciso, il 1969. Eccoci, dunque, alla fine di questo tour museologico-artistico che ha volutamente lasciato da parte le realtà e le esperienze italiane, che incontreremo nel capitolo successivo.

Abbiamo cominciato al di là dell'Oceano, con quell'*Exploratorium* di cui abbiamo parlato in lungo e in largo, concentrandoci sulle sue straordinarie innovazioni, sulle sue capacità di rinnovamento, sul suo essere sempre stato molto *avanti*, per usare un modo di dire in voga oggi. Ce n'è, però, un altro famoso, anzi famosissimo, con decine di milioni di visitatori all'attivo, che, nello stesso anno del cugino californiano, ha aperto i battenti: l'*Ontario Science Centre*, un progetto statale per celebrare il centenario del Canada. Con generatori elettrostatici che drizzano i capelli, cineprese da attivare pedalando in bicicletta, simulazioni di allunaggio e, ovviamente, molto altro.

Il 27 settembre, alle ore 11.16 A.M. un forte segnale radio proveniente da una quasar lontana uno sproposito di anni luce raggiungeva un circuito che permetteva di alzare il sipario sull'*Ontario*

Science Centre nuovo di zecca. Appena tre mesi dopo, in dicembre, in quelle stesse sale, Yoko Ono e John Lennon, artista lei, cantante lui, coppia pacifista insieme, tengono una conferenza stampa. I due erano freschi di viaggio di nozze, passato, per una certa parte, in un letto dell'Hotel Hilton di Amsterdam per un *bed-in* di protesta contro la violenza nel mondo.

Seguono, poi, quarant'anni di conferenze, mostre, *exhibition*. Balzellando qua e là: nel '73 il museo e suoi exhibit hands-on fanno il giro del Nord America. Nel '74, tanto per ribadire che nella vita e nella scienza non bisogna prendersi troppo sul serio, arriva in visita Rowland Emett, ingegnere, *cartoonist*, artista, inventore di strambe sculture cinetiche che sembrano uscite dal mondo matto di Lewis Carroll, una specie di Archimede Pitagorico in carne e ossa, di cui l'Ontario possiede la più grande collezione al mondo, che continua a mettere in mostra ogni dicembre. *Just for fun*.

Nel '79 *Wood Show* mette in mostra i molti aspetti di una delle più importanti industrie dell'Ontario, il legno. Nel '82 arriva la Cina, *China: 7.000 Years of Discovery*, un milione e mezzo di visitatori che abbattono ogni record. Sul finire degli Ottanta, Sigourney Weaver smette di combattere gli *Aliens*, per infilarsi nei panni, tragici ma non meno battaglieri, dell'etologa Dian Fossey, per *Gorillas in the Mist* (*Gorilla nella nebbia*), in cui l'Ontario fa da set.

Aprono nuove *hall* e sezioni, anche. Come *Sport* in cui, fra le altre cose,

> si può testare la propria percezione visiva in una sala rotante, scoprire come i nuovi materiali hanno rivoluzionato lo sport, dare i punteggi in una gara di pattinaggio e persino farvi un giro in uno slittino virtuale.

O *Living Earth*, una foresta amazzonica *indoor*, piena di piante e animali, in cui toccare ed esplorare una grotta, conoscere la realtà di una barriera corallina, fare un test con l'acqua da bere e vedere lo scheletro di una vera balena. O, ancora, l'*IMAX theatre* che apre nel 1996, *KidSpark* che si inaugura nel 2003 ed è una nuova area per scienziati in erba, di grandissima popolarità, al punto da raddoppiare il suo spazio nel giro di due anni.

Infine, nel 2006, l'iniziativa *Agents of change* trasforma il 30% degli spazi pubblici, dentro e fuori, "per incoraggiare il pubblico a guardare alla scienza in un modo tutto nuovo" e

per creare un ambiente che sfida i tuoi pensieri e opinioni. Sulla creatività. Sulla collaborazione. Sui rischi. Sulle idee di che cosa uno science centre possa essere.

Il progetto è quanto mai ambizioso.

Noi crediamo che l'impegno di creare una nuova generazione di innovatori sia essenziale per assicurare il futuro del Canada. Noi pensiamo che tutto questo possa cominciare con te. È un viaggio pazzo che cambierà la tua mente. E, forse, cambierà il mondo.

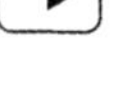

Temerario? Sì, e mica poco. Suggestivo, anche. Una suggestione in cui si infila anche l'arte. All'interno del *Weston Family Innovation Centre* viene riservato uno spazio per la presentazione di installazioni di artisti che, in particolare, lavorano con le nuove tecnologie. È il caso, per esempio, di *Conductive yarn art piece* di Maggie Orth, un lavoro che prosegue la ricerca di questa artista nel campo dei *weareble computers*, i computer indossabili, che l'ha portata alla creazione di un nuovo tessuto elettronico stampato con inchiostri termoreagenti, in grado di mutare colore in aree predefinite.

Nel 2004, l'*Ontario Science Centre* bandiva un concorso che invitava a presentare progetti per installazioni artistiche su piccola e grande scala da collocare in una delle nuove aree del museo, nella *Procter & Gamble Great Hall*. Con un grande evento diviso in varie fasi e selezioni che hanno fatto crescere l'attesa e l'attenzione del pubblico sulla competizione. Una bella operazione di immagine e comunicazione.

Ci sono voluti ben due anni per conoscere i vincitori ma, tra i dieci semifinalisti scelti tra i 200 artisti e più che hanno partecipato al concorso, alla fine i lavori risultati vittoriosi sono stati tre. Una decisione che, va detto, non è stata presa dal solito gruppo di esperti riuniti in segretissima assemblea. Ma, invece, da una stretta interazione con il pubblico a cui le opere sono state presentate. Pubblico che poteva così esprimere le proprie opinioni, tenute poi in debito conto in sede di giudizio finale. *We count on you*, abbiamo voluto intitolare questa sezione, e non a caso. Il coinvolgimento del pubblico, qui, arrivava a includere persino la scelta delle opere stesse da accogliere nel museo e da affiancare a quelle già presenti. Sul gruppetto arrivato in fondo, in ogni caso, sentito il parere di tutti, come dicevamo, l'hanno spuntata in tre: *Lotic Meander*, scultura di Stacy Levy, *FUNtain* di Steve Mann e *Cloud* di David Rokeby presentate ufficialmente tra il 2006 e il 2007. Eccole qui descritte, in breve.

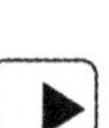

Con *Lotic Meander* il visitatore cammina lungo un vialetto di 91 metri con parti incise e scavate e parti in rilievo. L'opera è la rappresentazione di un bel fiume serpeggiante, come fosse uno dei tanti corsi d'acqua dell'Ontario. A fare da segnale alle anse del fiume che scorre nel suo letto, delle pietre scure e lucide, a riflettere il cielo e il museo circostante.

FUNtain è una fontana interattiva in cui suono, acqua e forme particolari si fondono in un allegro bailamme per un'opera che è già diventata parte integrante del nuovo *Teluscape*, *science park* interattivo all'aperto, posto di fronte all'entrata, da esplorare senza biglietto.

Cloud è un'opera cinetica che coniuga arte e scienza, formata da un centinaio di elementi identici. Al centro del lavoro c'è un'immagine che muta continuamente, rappresentazione della complessità delle trasformazioni in atto nel mondo che ci circonda, passando, quasi, dallo stato solido a quello liquido, a quello gassoso. *Cloud* crea disegni in continuo cambiamento giocando con la tensione tra caos e ordine, tra teoria scientifica ed esperienza umana, tra obiettività e soggettività. Un'opera d'arte in movimento, una forma che è in continua metamorfosi, leggera come l'aria, controllata nelle sue singole parti da un computer, per apparire come un elemento solido e sparire improvvisamente dal soffitto della *Procter & Gamble Great Hall*.

Anche l'Italia s'è desta

È vero. Qualcosa si muove anche nel nostro Paese. Forse, rispetto ad alcune delle realtà che abbiamo fin qui descritto, con un po' di ritardo. Ma qua e là, le iniziative che mettono insieme scienza e arte trovano spazio, temporaneo o permanente, dentro ai musei, nelle manifestazioni, nell'educazione, nelle scuole di comunicazione. Qui e là, lo ribadiamo, a macchia di leopardo. Del resto, l'abbiamo detto e ripetuto, in un processo che, a livello internazionale, manca di organicità, di una riflessione più profonda, di una o più scuole di pensiero, valgono, ancora, le singole esperienze, che sono poi le stesse che abbiamo riportato nella parte precedente: alcune più profonde e consolidate, altre più fresche. Ora ci dedicheremo completamente alla realtà italiana, portando alcuni esempi, tra i più significativi. Parleremo di musei di recente costruzione ma già diventati grandi, di altri con una storia antica ma che stanno ancora crescendo, in dimensioni e in esperienze, di grossi festival che esplorano le grandi potenzialità dell'arte. Persino di scuole di comunicazione della scienza ospitate da istituti di ricerca assai prestigiosi i cui studenti si congedano con tesi dal titolo *Un caleidoscopio magico: la scienza a teatro; Il dottor K tra le nuvole ovvero i fumetti incontrano lo scienziato; L'universo in una ciambella. La scienza dei Simpson; Italo Calvino e la scienza, L'artista di Feynman.*

Sono, anche in questo caso, solo degli spunti di riflessione, per capire che il potenziale, anche nel vecchio stivale, è notevole, che le energie in campo sono molte, e la fantasia, la creatività, l'entusiasmo non mancano. Chissà se queste realtà si conoscono tra loro, chissà se le persone che sono coinvolte nell'organizzazione degli eventi sanno l'uno dell'altro, conoscono obiettivi e risultati delle diverse esperienze, fatte dagli altri colleghi in un'altra città. Probabilmente sì, anche se, sarebbe bello che tutti questi protagonisti, riuscissero a creare una rete di lavoro e di scambio, quella di cui gli stessi operatori della comunicazione della scienza lamentano spesso la mancanza. Chissà che non si possa cominciare a legare i fili l'uno con l'altro proprio attraverso l'arte. È una provocazione. E una proposta.

Città della Scienza: il luogo delle emozioni

C'è, in quel di Napoli, un posto assai affascinante. Fatto di edifici di mattoni rossi fuori, e acciaio ed elementi traslucidi, dentro, di grandi capannoni pieni di luce e di spazio, di fronte al mare. Da una parte c'è Posillipo, che lo sovrasta. Di là il quartiere di Bagnoli. In mezzo a ciò che fu uno degli insediamenti industriali più famosi d'Italia, alle aree dismesse, agli edifici diroccati, *Città della scienza*, con i suoi 70.000 metri quadrati tra spazi coperti e aree all'aperto, rappresenta l'unico vero momento della nuova vita di questa parte di territorio, così vicina all'attività frenetica della città, ma ancora paradossalmente immersa in un silenzio immobile rotto solo da qualche ruspa al lavoro. Una storia coraggiosa quella di questo luogo magico, affacciato sul golfo di Napoli e le sue isole, costruito dentro a un'ex-fabbrica, che ha inizio con un festival (inizialmente ospitato presso la *Mostra d'Oltremare* di Napoli), con un'origine, in questo, parecchio simile a quella di un altro luogo da noi visitato, l'*Ars Electronica Centre*.

Il percorso, in breve, comincia più di vent'anni fa, nell'87 per la precisione, con la prima edizione di *Futuro Remoto. Un Viaggio tra Scienza e Fantascienza*, manifestazione multimediale descritta come "un percorso di conoscenza verso temi legati all'attualità scientifica e al progresso tecnologico". Alcuni titoli? *Il volo* è dell'88, *La scienza a Napoli* dell'anno successivo. Nel '90 tocca a *La biologia*, e poi, di seguito, *L'energia*, *Il mare*, *Il corpo umano*, *La percezione*, *L'alimentazione*, fino ai recenti *I dinosauri* del 2005, *Il futuro è moto. Viaggio multimediale tra mobilità e trasporti* nel 2006 e, l'ultimo, *Terre di Ghiaccio e Terre di Fuoco* "un percorso tra presente e passato alla scoperta delle caratteristiche degli ambienti estremi del pianeta" che è anche "un'occasione di confronto con temi di scottante attualità, come i cambiamenti climatici, l'inquinamento, il rischio vulcanico, temi all'origine di paure antiche e nuove per gli abitanti di tutto il mondo".

Dai dieci anni di intenso lavoro, dal fervore, dal successo e dall'esperienza di *Futuro remoto* nasce, nel '96, la *Città della Scienza*. In quell'anno, infatti, apre i battenti la prima configurazione del *Museo Vivo della Scienza*, un cucciolo, potremmo chiamarlo, di quella grande realtà che vediamo oggi, inaugurata nel 2001. Obiettivo di questa nuova entità: stabilire un legame fra scienza e società, creare un laboratorio aperto per il confronto e il dibattito, per fare del sapere scientifico un sapere collettivo. C'è di più: la ferma intenzione dei suoi promotori, presente sin dagli albori, è quella di creare un sistema di servizi che possa guidare i più giovani nella costruzione di una propria professionalità nelle aree legate all'innovazione e, allo stesso tempo, servire da riferimento per le imprese che operano sul territorio. Da cui la nascita del *BIC* di *Città della Scienza*, il *Business Innovation Centre* riconosciuto dalla *Commissione Europea*, che sostiene la creazione e lo sviluppo di nuove imprese e che dispone di un proprio incubatore di impresa, con 4.000 mq dedicati a questo scopo.

Scrive Pietro Greco sulla rivista *Jcom*:

> Un museo che pensa di esaurire la sua missione nella ricerca della efficacia della comunicazione svincolata da ogni rapporto con la società della conoscenza e con i grandi temi che essa solleva, è, probabilmente, un museo destinato a una vita breve. (Greco 2006)

Un museo veramente moderno, e utile, oggi deve essere *multitasking*, insomma. Con una dimensione culturale, certamente. Una dimensione sociale e politica, anche. E una dimensione economica.

Città della Scienza, in questo senso, nasce già modernissima e realmente innovativa. Con, alla base, un'idea di science centre estremamente *à la page* che fa propria questa nuova concezione di museo della scienza. Museo che non è solo il luogo in cui venire a contatto con la scienza e la tecnologia, dove sperimentare un processo attivo di ricerca e di apprendimento. Ma è, anche, una realtà che si fa protagonista, a molti livelli, unendo molti ingredienti diversi. Uno dei quali, certamente, è l'arte. Che ha avuto un ruolo primario nel progetto napoletano, fin dalla sua nascita. Lo conferma Vittorio Silvestrini, fisico e padre fondatore di *Futuro Remoto* prima, e di *Città della Scienza* poi:

> Il sogno era quello di fare di *Città della scienza* un museo scientifico fortemente permeato d'arte. Nella prima fase, dall'87 fino all'inaugurazione del primo museo del 1996, si sono esplorati tutti gli ambiti della ricerca artistica nazionali e internazionali, dall'arte elettronica e interattiva con artisti come David Rokeby, Mario Canali, Fabrizio Plessi, Giovanotti Mondani Meccanici, Catherine Ikam, Piero Fogliati, fino a quelli più tradizionali, come la ceramica, con grandi mostre dedicate, tra gli altri, a Carlo Zauli, Irene Kowaliska, Guido Gamboni. Passando per il cinema, il teatro e il fumetto con la mostra di Moebius, per esempio. Filoni che si è continuato a esplorare anche negli anni successivi, anche se, in un sistema complesso come *Città della Scienza*, in maniera forse meno organica. In prospettiva, però, ci sono le condizioni per ripartire e per fare di *Città della Scienza* un luogo dove si viene anche per emozionarsi.

Del resto, il contesto ambientale gioca parecchio a favore: questo è un luogo in cui anche la natura e la storia sembrano aver fatto di tutto per sorprendere i viandanti. Qui c'è il fuoco, c'è la terra che sparisce, si spacca, si solleva. C'è l'acqua, con il mare. C'è l'aria che si riempie degli odori degli abissi roventi e ci sono le memorie archeologiche. Questo è un posto, insomma, in cui le emozioni e le suggestioni non sono certo difficili da trovare.

Nel suo percorso, quindi, *Città della Scienza* ha ospitato mostre temporanee di numerosi artisti. Oltre a quelli già sopra elencati, vanno ricordati, tra gli altri, *Studio Azzurro*, Mario Ceroli, Paola Levi Montalcini, Sebastian Matta e Miguel Berrocal. Accanto, alcune prestigiose installazioni permanenti, integrate nel contesto architettonico e nel tessuto delle esposizioni scientifiche. Perché l'arte è diventata anche una delle chiavi di lettura del percorso espositivo quando, nel 2001, è stato inaugurato il science centre definitivo, quello che vediamo oggi.

Arte inclusa tra i protagonisti, insomma, nella realtà più recente come nei quindici anni precedenti, perché, secondo Silvestrini:

in un museo che vuole proporre educazione scientifica, tema piuttosto ostico, costruire un ambiente fortemente connotato dal punto di vista artistico permette di creare un contesto più adatto all'apprendimento, che è legato strettamente allo stato emozionale, alle sensazioni che quel luogo riesce a evocare.

C'è anche un'altra motivazione, meno evidente:

Le discipline scientifiche non sono autosufficienti. L'esempio più classico sta nella matematica. A questo proposito bisogna ricordare il matematico ceco di nome Kurt Gödel, che pubblicò un fondamentale lavoro in cui dimostrava che la coerenza interna di una teoria assiomatico-deduttiva non può essere dimostrata se non appoggiando il ragionamento su pilastri esterni alla teoria. Questo problema è stato scavalcato dalle scienze fisiche. La parte sperimentale aggancia la teoria alla realtà esterna. In più c'è l'esigenza di corredare la teoria fisica con input metafisici esterni, per l'appunto, alla teoria fisica. E così l'etica, ma anche l'estetica, guidano e influenzano le motivazioni della ricerca fisica. Le motivazioni per cui si sceglie una teoria anziché un'altra sono legate a parametri che esulano dalla scienza. Vi è, insomma, la necessità di appoggiare le teorie scientifiche su pilastri che non siano solo interni ma inseriscano la teoria scientifica in un contesto più ampio.

Teoria, etica, estetica, esperienza, ricerca, arte. Una commistione che permea questo museo, sin dal suo contenitore. L'edificio si sviluppa negli spazi interni in percorsi continui, con un'articolazione del suolo che allude al principio di continuità di una meraviglia matematica, il nastro di Moebius. Così come è realizzato, sembra un racconto: quello della conoscenza umana e del modo in cui essa concretamente si confronta con i fenomeni della natura, che presenta una scienza "molto più critica" di quanto non sia avvenuto finora nei tradizionali musei scientifici. Ecco così le sue diverse sezioni: *Lo spettacolo del cielo*, il più grande planetario del Centro-Sud, *La palestra della scienza*, tre grandi esposizione per scoprire i segreti della fisica classica, della scienza contemporanea, della biologia. *Segni, simboli e segnali*, prima mostra permanente sulla comunicazione in un museo italiano, *L'officina dei piccoli*, progettata dai bambini per i bambini, *Le mani e la mente*, atelier per attività creative, e, *last but not least, Gnam – la vetrina dell'educazione alimentare.* Qua e là, negli spazi museali, attraverso riferimenti storico-artistici legati ai temi trattati, si possono trovare oggi exhibit realizzati da artisti per approfondire i fenomeni scientifici, installazioni autonome rispetto al percorso didattico e mostre temporanee di giovani artisti.

Le installazioni permanenti cominciano nel viale principale di *Città della Scienza*, proprio con l'opera di Dani Karavan. *La via della conoscenza* è simboleggiata da 19 grandi porte in acciaio COR-TEN, ciascuna con un'iscrizione posta in alto: aritmetica, critica, cosmologia, geografia, chimica, fisica, biologia, economia, etica, armonia, geometria, memoria, arte, estetica, didattica, logica, tecnica, retorica e psicologia. Alla fine di questo percorso, una grande area disegna idealmente una piazza universale. Potete passare sotto tutte le porte, attraversandole una a una e con il naso all'insù, a leggere le iscrizioni. La sensazione che proverete sarà un misto tra divertimento, fascinazione, timore reverenziale per queste grandi sculture di ferro che, con la loro imponenza, sembrano dei misteriosi totem.

Da fuori, all'aria aperta, a dentro i capannoni con *Euclide* e *La fonte dei segni* di *Studio Azzurro*. *Euclide* è un software dedicato all'animazione di personaggi sintetici in 3D. Il progetto includeva diversi personaggi, Bit è quello che ha trovato casa a Napoli e che, nelle stanze di *Città della Scienza*, conversa con il pubblico, fa da guida e da assistente, stimola la discussione con e fra il pubblico, tutto in tempo reale e con parecchio successo. Bit è una specie di marionetta digitale: un animatore, un po' nascosto un po' no (la sua postazione è lungo il percorso di visita ma lontano dagli schermi dove Bit appare), gestisce infatti i suoi movimenti.

La fonte dei segni, invece, si trova nella sezione *Palestra della scienza*. In uno spazio che somiglia a una piazza c'è un arco composto da undici televisori: undici monitor in cui un flusso inarrestabile di acqua gorgogliante, nel suo scorrere, trascina segni e simboli dell'uomo. "Che si scompongono e si riuniscono nel fluire della corrente di luce, come il flusso delle parole nel linguaggio". Nella stessa sezione ecco *Mechanical Clock* di Norman Tuck, gros-

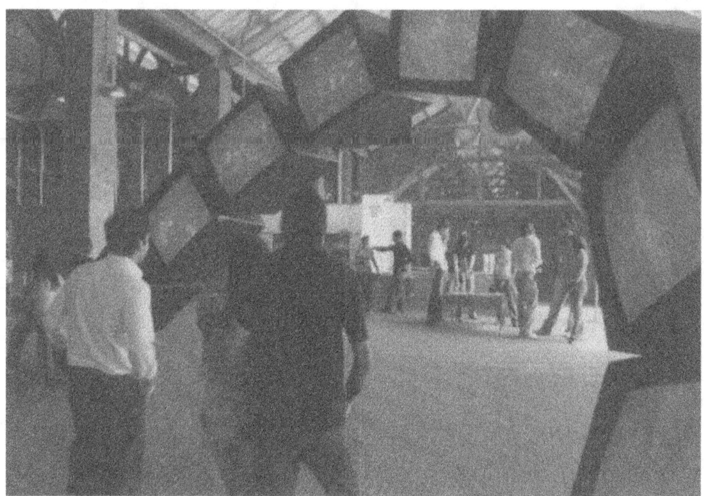

Studio Azzurro, *La fonte dei segni*, 2001
Courtesy Fondazione IDIS - Città della Scienza

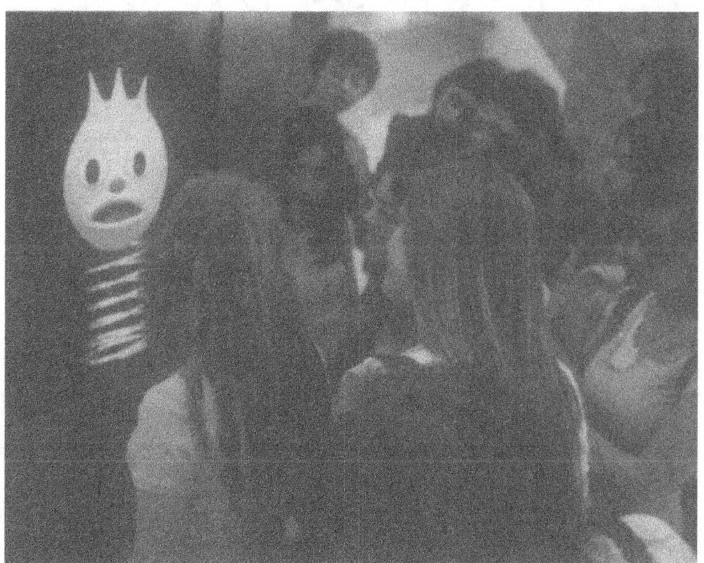

Studio Azzurro, *Bit*
Courtesy Fondazione IDIS - Città della Scienza

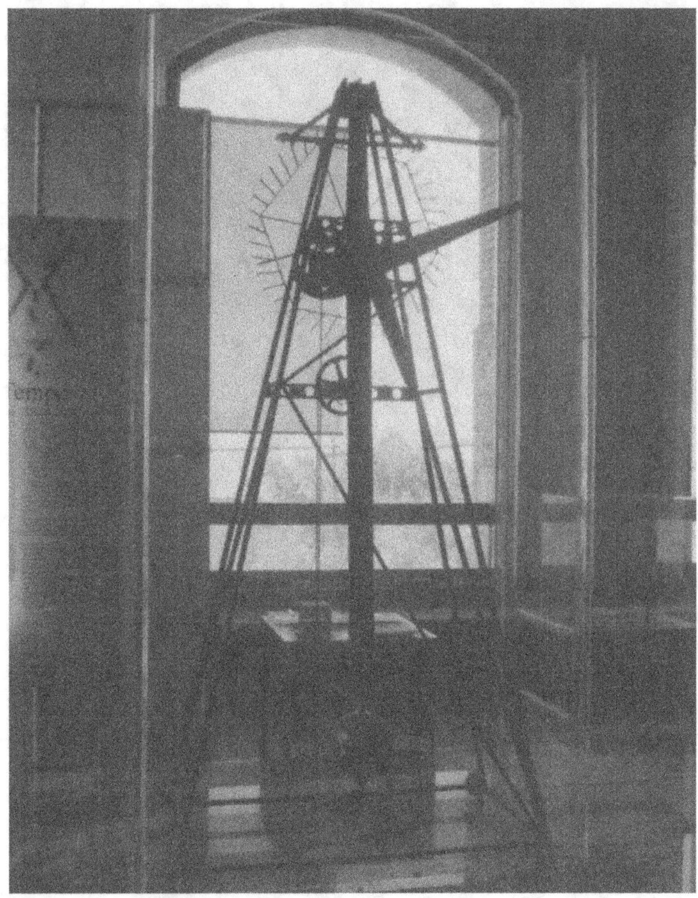

Norman Tuck, *Mechanical Clock*
Courtesy Fondazione IDIS - Città della Scienza

so orologio a pendolo il cui meccanismo è stato ricavato dal riciclo di componenti meccaniche come le catene di trasmissione e corone di bicicletta. Arriva dritto dritto dall'*Exploratorium* di San Francisco, a testimoniare come, seppure nell'ambito dei rapporti tra museologia scientifica e arte non si sono creati (ancora) delle scuole o dei filoni, esistono però, anche sul piano dei contributi artistici, dei punti di riferimento significativi.

Rivelazione, non più esposta, era una creazione del gruppo di sperimentazione artistica formata da studenti, tecnici e, ovviamente, artisti, che lavorano nei laboratori di *Quartapittura*, della Quarta Cattedra di Pittura dell'Accademia di Belle Arti di Napoli. Un'equilibrista fatto in rete metallica, una figura umana a grandezza naturale, camminava su un filo sospeso nel vuoto, con un sistema di telecamere a circuito chiuso che riprendevano l'ambiente trasmettendo le immagini in tempo reale. *Segni Simboli e segnali* ospita invece *Video d'arte e comunicazione*, postazione informatica con video di artisti dalle avanguardie storiche fino ai giorni nostri, con un capitolo importante e molto ricco dedicato a Mario Sasso, grande protagonista della videoarte italiana. E ancora: *Macchie di colore e pixel*, exhibit ispirato all'opera di Dalì, e *Very Nervous System*, installazione di David Rokeby, artista già incontrato in precedenza quale autore di *Cloud*, una delle opere vincitrici del concorso per artisti indetto nel 2004 dall'*Ontario Science Centre*. In quest'opera i movimenti dei visitatori sono ripresi, analizzati da un software e tradotti in suoni. Così lo spazio fisico, quello ripreso dalla telecamera, diviene un'area attiva in cui il visitatore ribalta il rapporto tradizionale tra movimento e musica. Perché qui è la musica a seguire il corpo. Lungo tutto il percorso espositivo, *30 visori d'arte* mostrano immagini di opere d'arte collegate ai fenomeni scientifici rappresentati. Brevi didascalie illustrano il rapporto tra l'opera mostrata e il fenomeno scientifico.

Come abbiamo detto, le mostre temporanee che hanno visto la presenza di artisti sono state molte. Ne citiamo un paio soltanto tra

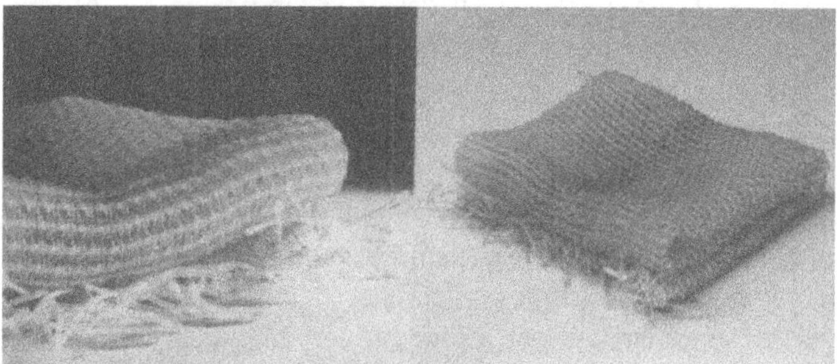

Robert Gschwantner, *Erika project*
Courtesy Fondazione IDIS - Città della Scienza

quelle ospitate dalla nuova struttura, aperta nel 2001. Prima, anche in ordine di tempo, *PackAge, alla scoperta dell'imballaggio* (Mattei 2001), che ha coinciso con l'inaugurazione del science centre. Originale, colorata, divertente: tutta la storia dell'imballaggio, la sua evoluzione, le sue funzionalità. Dalla lattina di caffè al fast food, dalla merceologia dell'imballaggio alla comunicazione, al riciclo. Con opere di Christo, Gilberto Zorio, Kimitake Sato, Corrado Bonomi. E, poi, *Erika project*, di Robert Gschwantner e Roberto Conz, un lavoro che parte da una tragedia dei nostri tempi: quella che vede protagonista la petroliera *Erika*, appunto, una carretta del mare che, il 12 dicembre 1999, si spezza in due al largo della Bretagna provocando un disastro ecologico. All'inizio di gennaio del 2000, Gschwantner e Conz si recano nei luoghi colpiti dalla marea nera: scattano fotografie, raccolgono il greggio fuoriuscito che fluttua nell'Atlantico, registrano suoni e voci. Nascono così le loro opere: tubicini in plastica trasparente e liquidi colorati sono il materiale di lavoro di Gschwantner, con cui l'artista costruisce il suo tappeto d'olio, traduzione del termine tedesco *ölteppich*, metafora visiva delle grandi macchie che galleggiano sul pelo dell'acqua, dopo il naufragio. Conz fotografa la catastrofe, con uno sguardo che, paradossalmente, rimane distaccato e asettico. Nello spazio adiacente a quello della mostra, con la collaborazione di istituti di ricerca e organizzazioni ecologiste, fu allestita una mostra con materiali di documentazione ed esperimenti scientifici.

C'è, poi, il teatro. Quello scientifico, grazie a *Le Nuvole* oggi teatro stabile d'innovazione ragazzi, nato a Napoli nell'85 e presente a *Città della Scienza* sin dalla sua fondazione con "forme innovative di comunicazione di teatro scientifico, rivolte sia ai più piccoli che ai ragazzi delle scuole superiori". Per spiegare, attraverso le loro performance, la natura, le sue leggi e le tappe più significative del pensiero scientifico. Con due scuole di teatro, per i giovani e per i bambini. *CO_scienze* è uno dei loro progetti più innovativi. Giunto, nel 2008, alla sua quarta edizione, questo concorso di drammaturgia scientifica è aperto a chiunque voglia scrivere di scienza, senza limiti di età, di formazione, di provenienza. Il premio? La messa in scena dell'opera.

E, poi, teatro non strettamente legato alla scienza, ma in cui un luogo che parla di scienza si fa teatro: come è avvenuto con *Le Costume*, triste storia d'amore e d'adulterio, di infelicità e solitudine, di vendetta e di perdono, di dolore e di morte nel Sud Africa dell'apartheid, scritta da Can Themba e messa in scena a *Città della Scienza*, nel 2002, da uno dei più grandi registi teatrali viventi, il britannico Peter Brook.

Fino alle attività per le scuole, dalle materne alle superiori, che trascinano bambini e ragazzi in un mondo in cui, per esempio, i quadri di Escher servono per parlare di matematica e fisica, in cui la luce e i suoi colori sono lo strumento magico per capire la camera oscura di Leonardo, la camera ottica di Vermeer, quella del Canaletto, quella dei veristi dell'Ottocento, dove dalle illusioni ottiche si passa a Dalì, Mantegna e si gioca con frutta, fiori e verdura, come tanti Arcimboldo.

Museo Tridentino di Scienze Naturali. Storia naturale dell'umanità

Mentre scriviamo sta cambiando i connotati. Si sta facendo ancora più bello, più grande, più interessante, pronto per affrontare al meglio il millennio che avanza e le sue stringenti problematiche. Del resto la sua storia e le sue radici

> si confondono con le antiche raccolte di notabili trentini che, verso la fine del '700 e sotto l'influsso dell'Illuminismo, arricchivano di oggetti naturalistici il museo storico-artistico che andava a formarsi presso il Municipio della città. Erano collezioni mineralogiche, petrografiche e malacologiche, accanto ad altre di antichità e archeologia.

Nel 1922 nasceva il *Museo civico naturale di Trento*, nel 1964 venne istituito il *Museo Tridentino di Scienze Naturali* e, nel 1982 l'istituzione si trasferiva nella sede attuale, dentro il palazzo storico in cui si trova ancora oggi.

Una storia oramai lunga, quella del *Museo Tridentino di Scienze Naturali*, fatta di ricerche nei campi della botanica, geologia, zoologia, limnologia e algologia, di collezioni e conservazione di specie e reperti, di eventi, di attività educative nelle scuole, convegni, seminari e iniziative di ogni tipo, con un occhio particolare al paesaggio e alla natura alpina, che tutto intorno alla città fa da scenografia. Questo, dicevamo, è quanto avviene oggi. Non possiamo sapere di preciso cosa accadrà domani, quando il *Muse*, questo il nome nuovo (ma ancora provvisorio) del grande centro per la scienza che sorgerà in riva all'Adige, nell'ex-area *Michelin*, aprirà i battenti, nel 2012. Certo, le premesse per fare le cose in grande ci sono proprio tutte. "Una macchina culturale che non racconta il passato del Trentino, ma si rivolge al futuro", così viene descritto. La superficie verrà quasi triplicata, al piano terra uno spazio collettivo con un parco, una mediateca, un bar, piccole mostre temporanee, un luogo aperto al pubblico, per creare uno punto di incontro, di passaggio, di ricreazione, per quella società a cui la struttura-museo, qui e altrove, vuole aprirsi sempre di più. Del resto il suo direttore, Michele Lanzinger, parlando della nuova realtà, ha reso molto chiari gli obiettivi:

> Intendiamo essere un momento attivo all'interno della società della conoscenza su cui il Trentino sta investendo. Il *Muse* lo proporremo come luogo di comunicazione fra la ricerca scientifica e la società.

Con una grande attenzione ai temi dell'ambiente:

> La nostra produzione scientifica, con i nostri quaranta ricercatori, è primaria nel campo delle scienze naturali; e la nostra capacità divulgativa è già e sarà sempre più diretta, in rapporto con l'università ma anche con i privati, a diffondere i risultati della ricerca tecnologica orientata alla sostenibilità.

Un museo a cavallo tra ambiente e tecnologia, il *Muse* si proporrà così. Due i percorsi narrativi, con grandi margini di interazione e trasversalità: il primo dedicato alla biodiversità e agli ecosistemi, all'evoluzione e alla genetica con le sue molte implicazioni. Il secondo verterà invece sulle scienze del clima, sull'energia, sulla *landscape ecology*.

Nella struttura, al primo piano, troveranno posto le mostre temporanee a pagamento e, di seguito, dall'alto in basso dell'edificio, le mostre permanenti che seguiranno un percorso d'acqua come metafora del gradiente topografico: dalle vette al fondovalle. In alto, sulla sommità dell'edificio, i ghiacciai, via via proseguendo verso il basso, fino alla montagna antropizzata e al suo impatto sulla natura, con un importante sguardo al mondo della scienza e della tecnologia legato strettamente alla sostenibilità ambientale. Quindi una foresta tropicale a riprodurre l'habitat della giungla africana. A orchestrare l'organizzazione del tutto, a creare gli spazi e la struttura, uno dei massimi architetti viventi: Renzo Piano.

L'arte? Non possiamo pronunciarci sul futuro, ma certo è che, fino a oggi c'è stata anche quella. Anzi, sul sito del museo attuale si trova esplicitamente scritto che

> dalla volontà di coniugare arte e scienza in una forma di comunicazione nuova ed emozionante nascono numerose proposte del *Museo Tridentino di Scienze Naturali*. Il risultato è un intreccio tra arte e scienza appunto, in uno scambio continuo di stimoli.

L'ultimo esempio di questo interessante connubio è la mostra *La scimmia nuda. Storia naturale dell'umanità*, ideata e curata da Claudia Lauro con la supervisione di Michele Lanzinger (Lauro 2007). Una mostra, nata dalla collaborazione con il *Museo Friulano di Storia Naturale* di Udine e il *Museo Regionale di Scienze Naturali* di Torino, che ha chiuso i battenti a Trento all'inizio del 2008, per trasferirsi a Udine e Torino. Argomento centrale: l'uomo, visto attraverso l'antropologia, l'archeologia, la preistoria, la zoologia, la genetica e l'arte. Con l'utilizzo di reperti, installazioni interattive, filmati, fotografie e opere d'arte. Obiettivo: spronare il pubblico a ripensare al nostro ruolo sulla terra, al nostro essere animali, al nostro rapporto con la natura, alla nostra somiglianza con il mondo delle scimmie antropomorfe, alla nostra intelligenza e alle nostre capacità. Coloro che, come chi scrive, si sono messi in gara di abilità con uno scimpanzé su uno degli exhibit presentati, perdendo in velocità, chi ha osservato le opere di Congo, primate la cui *verve* artistica fu studiata dall'etologo Desmond Morris, chi ha visto le scimmie lasciarsi prendere dal fuoco della passione e far l'amore consumando, nel contempo, uno spuntino (e come dagli torto:

non si capisce perché gli appetiti debbano essere soddisfatti per forza uno alla volta), non potranno non porsi degli interrogativi sull'*animale-uomo* e sull'*unicità umana*. Che sono poi i due nuclei tematici intorno ai quali è organizzata la mostra.

La descrizione dei criteri che hanno ispirato la selezione delle esperienze artistiche da accludere, nelle parole della sua curatrice Claudia Lauro che gentilmente ha accettato di raccontarci *La scimmia nuda*, offrono un esempio estremamente interessante di come l'arte possa inserirsi in un percorso espositivo in cui la scienza *tout court* si fonde con altre discipline. Sarà la sua voce ad accompagnarci tra le opere esposte e a far chiarezza sull'impostazione della mostra:

> Le opere e l'iconografia artistica presenti lungo il percorso espositivo, in forma di dipinti e sculture di arte-scienza antiche e contemporanee, di oggetti etnografici, di multimediali interattivi, installazioni, video, fotografie, illustrazioni e grafica, sono state selezionate secondo diversi criteri, di frequente più d'uno per lo stesso oggetto, relativi essenzialmente alle assonanze o affinità con le tematiche del percorso concettuale, con l'estetica, la scenografia, l'interattività, gli interessi e l'area di lavoro degli artisti coinvolti.

Posto che "l'estetica è vincolo fondamentale nelle scelte effettuate, non solo per gli oggetti artistici ma anche per quelli scientifici", le opere da accludere nella mostra sono state scelte, in alcuni casi,

> perché il soggetto rappresentato coincideva con i temi del percorso scientifico della mostra. Nella sezione *Il posto dell'uomo nella natura*, che offre un breve *excursus* storico-filosofico sulla concezione dell'origine dell'uomo prima e dopo Darwin, i miti biblici della creazione sono stati rappresentati dai dipinti *La creazione dell'uomo* di Marc Chagall (1956-1958), il trittico con *La creazione dell'uomo* di Tano Festa (1964) e da una vasta iconografia di antiche opere, come *La creazione del mondo* di Cranach il vecchio (1534) o *Adamo ed Eva* di Jan Van Eyck (ca.1432).

Di frequente, poi, le opere sono state selezionate in base al soggetto rappresentato che, semplicemente, "evocava i contenuti esposti". Ciò che lo legava ai temi, in sostanza, era un *trait d'union* piuttosto sottile e indiretto:

> Un esempio è dato dalla sezione *Un animale dalla misteriosa sessualità* che indagava il tema dell'amore, della sessualità e della riproduzione da un punto di vista evolutivo. Oggetti artistici di questo tipo sono il dipinto *Il cantico dei cantici IV* di Chagall (1958) e un affresco con scena a sfondo erotico di Pompei (I sec. d. C.), mentre l'intera sezione era introdotta dall'illustrazione *Love* (2002) di Luba Lukova.

Continua Claudia Lauro:

> Un caso particolare di esposizione di materiali artistici è quello per cui l'oggetto esposto è di per sé oggetto del tema trattato, come nella sezione *La nascita dell'arte*, che analizzava il significato evolutivo dell'arte. Gli oggetti di arte mobiliare preistorica presenti, pietre dipinte di ocra con figure antropomorfe, zoomorfe o geometriche del paleolitico superiore italiano, rappresentavano il tema delle origini dell'arte umana e costituivano al tempo stesso uno straordinario esempio di arte preistorica. In questo caso il legame tra arte e scienza è doppio, così come per i dipinti dello scimpanzé Congo, che rappresentano il frutto degli esperimenti eseguiti dal-

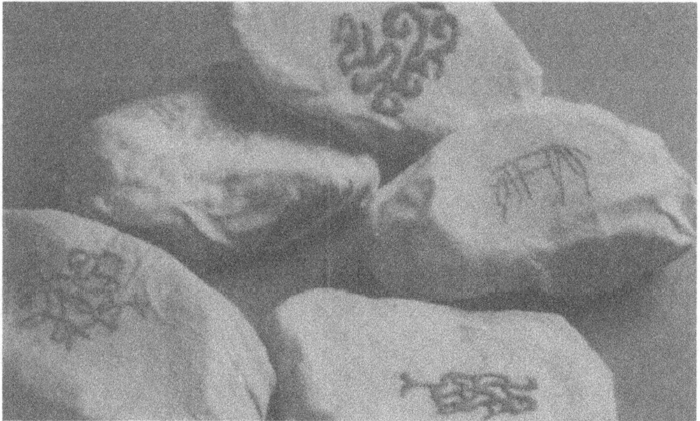

Claudia Losi, *Ciottoli*, 1999-2004
Courtesy Museo Tridentino di Scienze Naturali

l'etologo Desmond Morris negli anni Sessanta sulla percezione estetica nei primati, ma che sono anche opere la cui bellezza fu riconosciuta, e lo è ancora oggi, suscitando l'interesse di pittori famosi, critici d'arte e collezionisti.

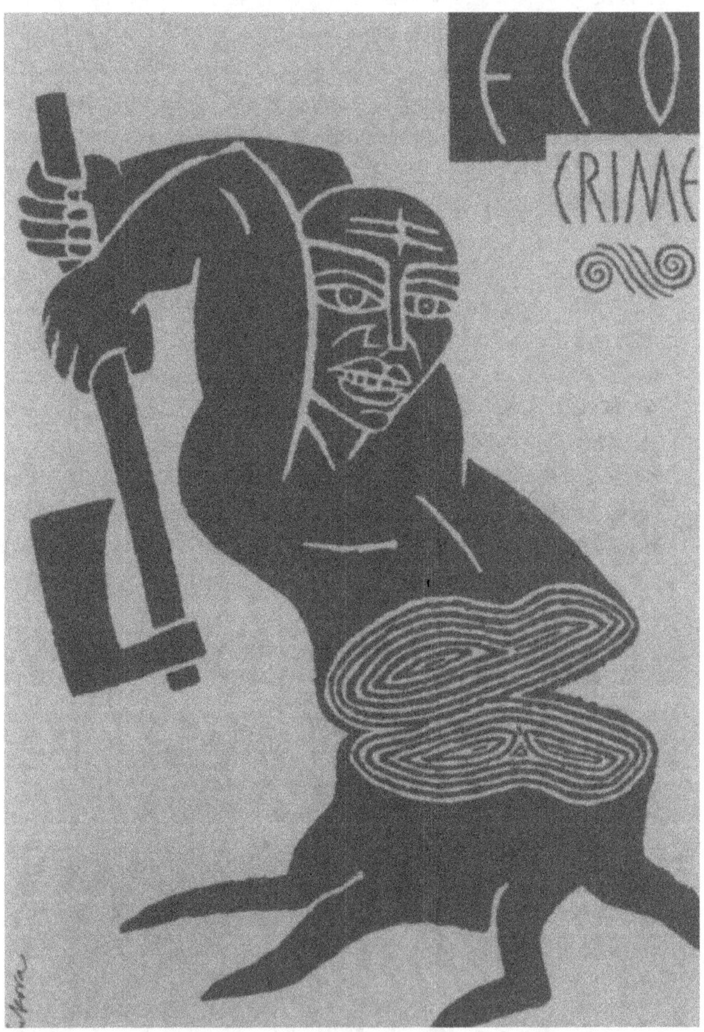

Luba Lukova, *Eco crime*, 1995
Courtesy Museo Tridentino di Scienze Naturali

C'è spazio anche per l'arte contemporanea "utilizzata, in particolare, per sottolineare quei contenuti della mostra che indagano alcuni aspetti del rapporto tra scienza e società contemporanee". La mostra, infatti, oltre agli aspetti classici dell'evoluzione umana, ne ha affrontati anche altri, dalla distruzione degli ambienti naturali alle guerre, ai genocidi, alla convivenza tra i popoli, fino all'ingegneria genetica e alla bioetica. Per questo sono state scelte alcune opere di artisti che lavorano sul rapporto tra arte e scienza e che affrontano alcune problematiche oggetto del dibattito sociale contemporaneo. La scultura *Ciottoli* (1999-2004) dell'artista Claudia Losi, sassi di tessuto ricamato con figure provenienti dal repertorio dell'arte preistorica, che

> è associata, per affinità ma anche per contrapposizione tra passato e presente, alle pietre dipinte del paleolitico, esposte nella sezione *La nascita dell'arte,* è fortemente legata al rapporto con le scienze naturali e si avvale degli apporti della geografia, della geomorfologia, ma anche dell'etnologia, dell'antropologia e della letteratura. Nella sua idea di natura rientrano, inoltre, inquietudini ecologiche e considerazioni politiche e sociali.

Nella sezione *I conquistatori del mondo,* che indagava gli aspetti più negativi dell'animale uomo, sono state esposte alcune serigrafie dell'illustratrice bulgara Lukova.

> Quelli proposti erano poster (*Eco Crimine, Crimine della guerra, Crimine della fame* e *Pace*) che l'artista ha dedicato tra il 1995 e il 2001 ai grandi problemi dell'umanità: la distruzione dell'ambiente, le guerre, la fame nel mondo e il tentativo di mantenere la pace con l'uso delle armi.

In questa stessa sezione si trovano anche le serigrafie della serie *Specie in pericolo,* dedicate agli animali in pericolo di estinzione, che l'artista americano Andy Warhol realizzò nel 1983, su commissione dei Feldman, galleristi newyorkesi molto interessati a tematiche ambientali e politiche.

Continua la Lauro:

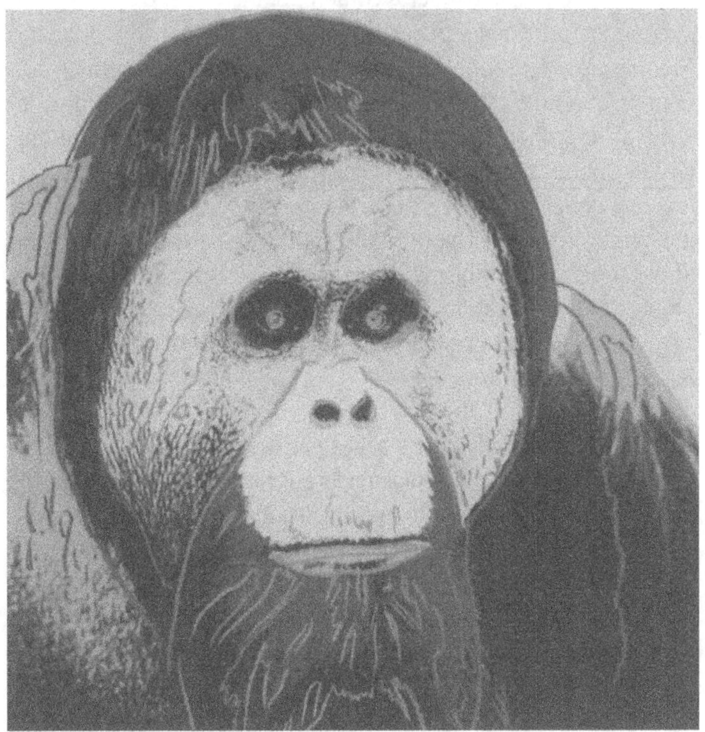

Andy Warhol, *Orango*, della serie *Specie in pericolo*, 1983
Courtesy Museo Tridentino di Scienze Naturali

Scienza, arte e società viaggiano quindi parallele, o meglio si intrecciano, in questo percorso espositivo, come è del resto naturale visto che l'arte contemporanea sempre più si occupa dei complessi aspetti della nostra società globale. Sarebbe bello poter dire, e forse si può osare da ottimisti e profani, che scienza e società si incontrano nell'arte e che, come diceva Dostoevskij, la bellezza salverà il mondo.

Già, ma con quali esiti? Questa commistione, certamente affascinante e suggestiva, come è stata recepita dal pubblico?

"Non è stata fatta un'analisi specifica riguardante la reazione del pubblico nei confronti dell'esposizione di materiale artistico" risponde la Lauro,

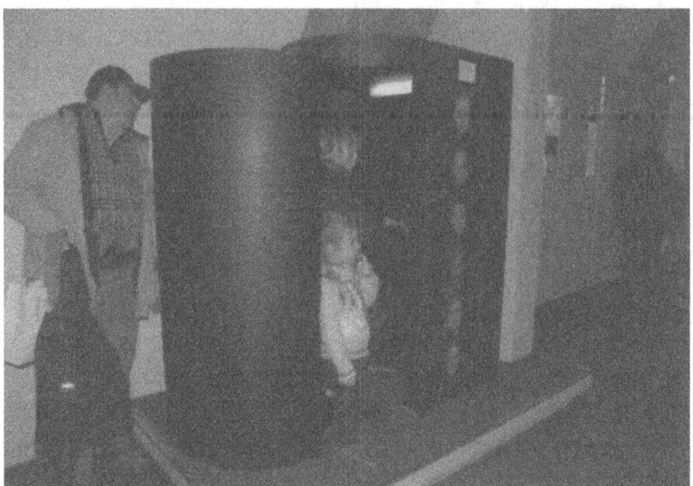

Nancy Burson, *Human Race Machine*, 2000
Courtesy Museo Tridentino di Scienze Naturali

In ogni caso, dalle interviste fatte per un'*evaluation* sul gradimento della mostra e dall'osservazione dei visitatori, si è evidenziato che, in generale, il pubblico ha apprezzato molto la contaminazione tra arte e scienza, in particolare il pubblico cosiddetto colto e gli esperti del settore museografico o della comunicazione. Talvolta tuttavia sembra che alcuni visitatori non abbiano colto l'originalità di alcuni oggetti, come i dipinti di Chagall o le serigrafie di Warhol, e, a maggior ragione poiché meno conosciuti fuori del loro ambito, il valore artistico di alcune installazioni o immagini di fotografi e artisti contemporanei riconosciuti, come De Paris, Losi, Balog e Lukova.

Oggetti, questi, che forse pagano lo scotto di non essere comunemente esposti in un museo di scienze naturali, senza contare che l'organizzazione ha scelto di non distinguere le didascalie di corredo ai materiali artistici da quelle degli altri oggetti presenti "onde evitare di fornire un ulteriore livello di informazione ai diversi temi indagati e ai molti stimoli intellettuali e sensoriali presenti".
Una scelta, questa, che

se da una parte ha uniformato la tipologia del materiale esposto, non ha però privato i visitatori dell'effetto che inevitabilmente opere di notevole valore estetico o evocativo producono. Esse non hanno solo contribuito a costruire un ambiente coinvolgente da un punto di vista emotivo, ma sono state fondamentali per veicolare i contenuti della mostra.

Grande successo, in particolare tra le famiglie con bambini e tra gli autori di questo libro, per le installazioni di arte contemporanea interattive, così come del resto per tutti gli altri *exhibit* interattivi del percorso. C'era un bel po' di fila, per esempio, di fronte alla postazione di arte-scienza *Human Race Machine* (2000) dell'artista americana Nancy Burson nella sezione *Esistono le razze umane?* All'apparenza, sembra una di quelle postazioni che si trovano nelle stazioni ferroviarie, utili per fare le fototessera con pochi soldi. In realtà grazie a una sofisticata tecnologia l'installazione permette di trasformare l'immagine digitale del visitatore cambiando i suoi connotati etnici, pur mantenendo la sua identità.

Quest'opera vuole sfidare la percezione comune di concetti quali razza, età e altre caratteristiche del nostro aspetto esteriore, e portarci così a riflettere: sebbene tutti diversi apparteniamo a un'unica "razza", quella umana.

Altri luoghi in cui succedono cose

Cose che capitano, dunque. A Milano come a Genova, a Perugia come a Bologna o a Trieste. In contesti e situazioni diverse, con obiettivi diversi, anche. Cose che succedono in giro per l'Italia e di cui, in questa fine viaggio, vogliamo dare una panoramica poco ragionata. Per non proporre per forza delle interpretazioni e trovare delle connessioni in esperienze *stupendamente disordinate*, tanto per riprendere un concetto espresso nella prima parte di questo libro. Un disordine, probabilmente non da copione, che è un magma in movimento, da cui speriamo possa nascere qualcosa di bello e interessante da qui in avanti. Anche perché, a guardarle una a una, esprimono ciascuna delle potenzialità importanti, un entusiasmo e una creatività che meriterebbero maggior attenzione e maggior investimento. E che coinvolgono figure assai diverse in una contaminazione che pare molto stimolante. A Milano, per esempio, un artista come Mario Canali, uno dei più attivi nell'esplorare le potenzialità creative dell'associazione tra arte e tecnologia, ha ideato il laboratorio interattivo *Freschi&interattivi. Frutta, verdura ed emozioni tecnologiche* presentato presso il Biolab, il laboratorio biologico del *Museo di Storia Naturale di Milano*. *Freschi&interattivi* era un'iniziativa nata nell'ambito di *Ortocircuito. Altro giro, altro gusto*, progetto per le scuole lombarde per l'anno scolastico 2005/2006 per incentivare il consumo di frutta e verdura. Cinque macchine interattive garantivano ai giovanissimi partecipanti esperienze sensoriali, emotive e cognitive. *Cogli lo snack*, delle artiste Flavia Alman e Sabine Reiff, per esempio, permetteva di cogliere frutta e verdura virtuali, in un percorso che si chiudeva con la degustazione di frutta e verdura *in buccia e polpa* disponibile in distributori automatici.

Non che Genova, con il suo importantissimo *Festival della scienza*, abbia lasciato l'arte in cantina. Nel 2004 è il turno di due protagoniste di cui abbiamo già parlato: la fotografa americana Felice Frankel e Katinka Matson. La prima ne *L'incanto della scienza* strega il pubblico con il suo mondo a moltissimi ingrandimenti in una mostra che, poco dopo, farà capolino anche a *Città della Scienza*. Katinka Matson, con *Flowers*, punta sulle immagini di una natura che sembra perforare il confine tra realtà e fotografia: tulipani, calle, rose e gigli in complesse composizioni e giochi cromatici, immortalati con uno scanner ad alta risoluzione e quindi stampati con raffinate macchine a getto d'inchiostro.

Nel 2005 ecco delle lezioni di tango sui generis con *La fisica in ballo*, per studiare la fisica dei movimenti e delle tecniche di interazione del corpi o la prima mondiale de *I Figli dell'Uranio* di Peter Greenaway e Saskia Boddeke. Nel 2006 tocca a *Circoscienza*, conferenze/spettacolo per unire evoluzioni acrobatiche con leggi fisiche e matematiche. Nel 2007, invece, tra gli altri eventi, arriva *Faust a Hiroshima*, spettacolo musicale per parlare di scienza, etica e dell'invenzione della bomba atomica attraverso la figura del Faust di Goethe o *I giochi della New Media Art*, per far interagire il visitatore con i lavori-software prodotti da giovani artisti della Net art o assistere all'elaborazione da parte del computer di forme e immagini nate da processi evolutivi casuali.

Da un festival all'altro: al *Perugia Science Fest 07* ecco *Andante piovoso*, installazione interattiva di Arianna Sedioli e Luigi Berardi, una scultura-ruota che è la particella di un paesaggio sonoro virtuale. Dalla pioggerella fino allo scroscio, allo sgocciolio, alla pozzanghera

un'esperienza completa di interazione fra bambino e oggetto d'arte, la cui sonorità nascosta provoca un magico stupore, uno spiazzamento che resta nella memoria come l'incanto di un temporale estivo, vissuto come reali abitatori.

E *Le redini dello sguardo* di Stella Battaglia e Gianni Miglietta, per giocare con la prospettiva, con l'ottica e con la fantasia.

Altro protagonista di rilievo in questo panorama è la *Fondazione Marino Golinelli*, oggi alle prese con la progettazione di un *ArtScience Centre* a Bologna, che si annuncia come una vera chicca per le nostre ricerche presenti e future e che aspettiamo con grande curiosità di veder realizzato, ma che già da tempo organizza numerose attività di divulgazione scientifica in cui entra in gioco l'arte. L'evento *EmozionArti di scienza: mostre, installazioni, laboratori, aperitivi-filosofici* esprime bene la forte convinzione che la Fondazione Golinelli, con in testa il suo presidente Marino Golinelli, scienziato e grande collezionista d'arte contemporanea, ripone in questo connubio.

L'Arte e la Scienza sono due forme di sapere che si comportano come due pendoli indipendenti, ma quando un avvicinamento tra loro avviene esso è sorprendente: un grande momento di creatività. La chiave dell'unificazione tra i due è l'uomo che in sé è già naturalmente e semplicemente capace di far convergere tutte le forme di conoscenza e di scienza, l'emozione e la ragione.

Nell'ambito de *La Scienza in piazza 2007*, evento curato dalla Fondazione Golinelli, *EmozionArti* ha proposto, per esempio, una mostra divisa in cinque sezioni:

Ognuna raggruppa linguaggi artistici differenti ed è introdotta da un pannello che propone al pubblico una caratteristica in grado di accomunare arte e scienza, caratteristica che viene messa in evidenza anche attraverso l'accoppiamento di un scoperta scientifica e una corrente artistica ritenute significative per il nostro tempo.

Protagonisti assoluti sono

giovani artisti di fama internazionale, le cui creazioni, se guardate con occhi scientifici, richiamano cellule staminali, immagini spaziali, connessioni sinaptiche, organismi viventi, depositi geologici, impronte genetiche.

Ecco così *VedoOltre*, mostra fotografica di Michele Famiglietti sul laboratorio didattico per le scuole *Arte e Scienza al microscopio, tra visibile e invisibile*, ideato nel 2006 dalla stessa Fondazione Golinelli con la supervisione artistica di Cristina Francucci del MAMbo di Bologna: un'attività per fare esperienza sui materiali e in cui un vetrino di laboratorio si trasforma in una magica tavolozza da osservare rigorosamente a molti ingrandimenti. E poi aperitivi scientifici per fare chiacchiere sull'armonia e la simmetria come motore di conoscenza, tra fisica e filosofia, o simulare un'asta del tutto speciale, in cui le opere battute sono cromosomi, DNA, proteine. Del resto, scrive lo stesso Golinelli:

Credo nell'importanza di una buona educazione scientifica e artistica per la formazione delle giovani menti, futuri cittadini di un mondo globale. Arte e Scienza aiutano l'uomo a capire il mondo e il perché della vita.

Da Bologna a Trieste, dove in occasione di *Fest 2008. Fiera internazionale dell'editoria scientifica*, ritroviamo, con gran successo di pubblico, Mario Canali e il suo *Neuronde*.

Artisti, studenti, mecenati, scienziati, museologi, pubblico generico: parlavamo in precedenza di un universo di figure che ruotano all'incontro tra arte e scienza. Ce n'è un'altra, che abbiamo lasciato in fondo. Quella del comunicatore scientifico. In Italia, negli ultimi anni, sono sorte diverse scuole destinate a porsi come luoghi di formazione per questa figura. Nella stessa Trieste, all'interno della Sissa, la Scuola Internazionale Superiore di Studi Avanzati, istituto di ricerca in fisica, matematica, neuroscienze e neurobiologia tra i più prestigiosi, dai primi anni Novanta, con notevole lungimiranza da parte dei suoi fondatori, esiste un master di durata biennale,

> che si propone di formare comunicatori scientifici in diversi campi: giornalismo scritto, radiofonico, televisivo e online, comunicazione istituzionale e d'impresa, editoria tradizionale e multimediale, museologia.

Una formazione, quella offerta dal master triestino, che travalica i confini della scienza per approdare in una terra di mezzo, in cui la biologia si interseca con la letteratura, la fisica con il cinema, la filosofia con il podcast, la teoria della comunicazione della scienza con i libri, i musei con le immagini, la comunicazione del rischio con il teatro. Con la coscienza che il miglior servizio che si possa fornire a chi si prepara a lavorare nel fantastico mondo della comunicazione scientifica, prima ancora di munire gli apprendisti comunicatori degli strumenti tecnici, del manuale di istruzioni su come si scrive un articolo o si organizza un mostra o si gira un documentario, prima della cosiddetta *praticaccia*, utilissima certamente, è offrir loro un adeguato bagaglio culturale. Inteso come la capacità di guardare alle diverse discipline come un *continuum* che, partendo dalla scienza, metta insieme le diverse branche del sapere, umanistiche e scientifiche, per fare della comunicazione un gioco senza frontiere. Un esempio che non è rimasto isolato: nei master di comunicazione scientifica nati successivamente, ultimo quello dell'Università Tor Vergata di Roma o quello in procinto di partire all'Università Suor Orsola Benincasa di Napoli, infatti, un capitolo dedicato ad arte e scienza non manca mai.

Occhio al *packaging*

In astronomia, l'anello è una struttura che circonda i giganti gassosi del sistema solare. In matematica, può essere un insieme di punti compresi tra due cerchi concentrici. Ma anche una superficie contenuta nello spazio tridimensionale o un'astratta struttura algebrica. In architettura, l'anello è la forma selezionata per la stupefacente costruzione che dominerà il porto di Amburgo. Una scelta estetica probabilmente non casuale, dal momento che il grosso edificio sarà interamente dedicato alla scienza. Nei suoi 23.000 metri quadrati di superficie, 8.500 sotterranei, ospiterà infatti un science centre, un acquario e un teatro della scienza, oltre a uffici, negozi e ristoranti, diventando nelle intenzioni dei suoi autori,

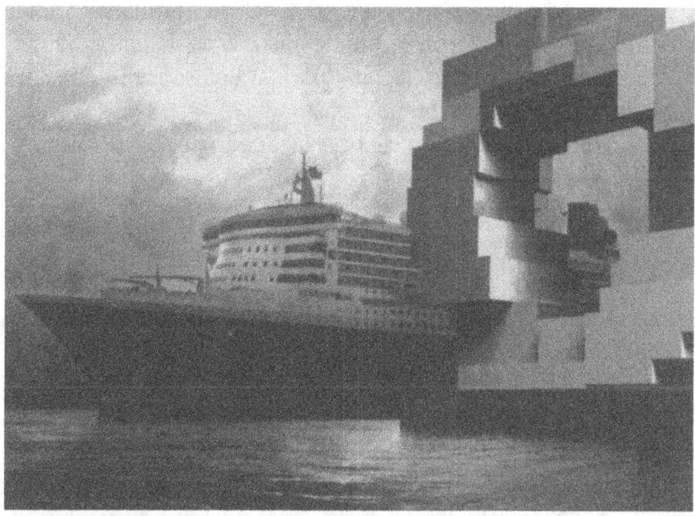

Hamburg Science Center e Aquarium dello studio OMA
Courtesy OMA

il perno per gli studi scientifici di Amburgo, rinforzando il profilo educativo della città. Un luogo in cui le nuove generazioni di scienziati potranno studiare e scambiare conoscenza.

Circolarità del sapere, dunque, per questo edificio fatto di 10 blocchi modulari posti sul fronte mare "in stretta prossimità con i *container* e le navi da crociera", ideale *anello di congiunzione, ça va sans dire*, tra il porto e la città. A orchestrare il progetto definitivo, annunciato agli inizi del 2008, Rem Koolhaas, Ellen van Loon con Marc Paulin dell'olandese *OMA*, studio d'architettura tra più famosi. A vederla nei *rendering*, la struttura è davvero impressionante. Sarà un museo, certamente, ma è anche una temeraria sfida architettonica, un monumento alla scienza e, anche, inevitabilmente, un luogo di attrazione.

Nei science centre, da qualche anno a questa parte, si osserva un interessante fenomeno che vede l'estetica, e la sorpresa, passare da dentro a fuori: con incredibili edifici come quello di Amburgo, il senso della meraviglia e della scoperta comincia ancora prima di entrare.

Anche l'involucro vuole la sua parte, insomma, e la comunicazione della scienza, ora, sembra partire proprio da lì. Di mezzo, va detto subito, ci sono i grandissimi nomi dell'architettura. A sciorinarli tutti, pare di fare una parata dei maestri più importanti oggi in attività. Le superstar dell'architettura per una scienza superstar. Se Koolhass lavora ad Amburgo, Zaha Hadid è la mente del *Phaeno Science Centre* di Wolfsburg, Germania, aperto nel 2005. Come si legge in un commento di Margherita Gruccione, con questo edificio l'architetta anglo-irachena

cerca di tradurre nello spazio i principi dell'età dell'informazione e dell'elettronica: interazione, simulazione, correlazione, flussi di dati, immaterialità. E questo avviene con immagini efficaci e di straordinaria eleganza.

Nella sua struttura il *Phaeno* sembra un'astronave, con un profilo sinuoso, con dieci strutture che sostengono la piastra sospesa, come zampe di insetto. Il piano terra è trasparente e permeabile. Il volume principale è invece rialzato, e copre una sorta di piazza adi-

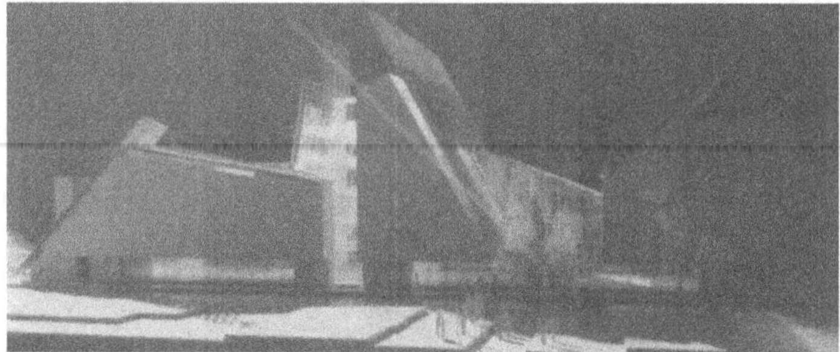

Plastico della nuova sede del *Museo Tridentino per le Science Naturali*
firmato da Renzo Piano

bita a funzioni commerciali e culturali.

Renzo Piano, invece, come abbiamo già anticipato, punta su Trento. La nuova sede del *Museo Tridentino di Scienze Naturali*, infatti, porta la sua firma. Apertura della nuova struttura prevista per il 2012, con biblioteche, spazi per mostre permanenti e temporanee, istituti di ricerca naturalistica, persino una serra tropicale, in nome della consolidata collaborazione scientifica dell'istituto con la Tanzania. Non che, questa, sia una novità assoluta per l'architetto italiano. Suo, infatti, è il progetto della straordinaria nave che sorge dai canali di Amsterdam, sede del science centre *Nemo*. La prua verde che si solleva dal pelo dell'acqua è come una metafora dell'ingegno umano che rompe la superficie del subconscio per approdare nei porti della ragione.

Dall'Olanda alla Gran Bretagna, dove lo studio Wilkinson Eyre ha progettato il *Magna Centre* di Rotherham, nello Yorkshire meridionale. Edificio molto premiato, fra l'altro, insignito nel 2001 dello *Stirling prize* assegnato dal Royal Insitute of British Architects. La base di partenza è stata un'ex-acciaieria, con le vecchie strutture industriali reinterpretate alla luce delle nuove finalità museali. I vasti capannoni sono rimasti nella struttura odierna, come elementi essenziali, insieme agli archi elettrici delle ex-fornaci. A Glasgow, invece, il locale science centre, inaugurato nel 2001, brilla di titanio: tre strutture collegate tra loro, tra cui spicca la *Glasgow tower*, alta più di centro metri e già diventata un'icona architettonica da Guinness dei primati, perché in grado di ruotare di 360 gradi

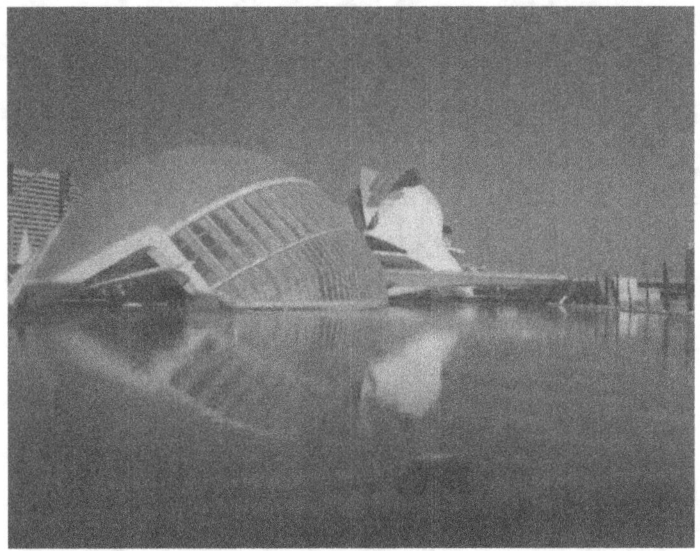

L'*Hemisferic* della *Ciudad de las artes y las Ciencias* di Valencia firmato da Santiago Calatrava

seguendo la direzione del vento.

E, ovviamente, non è finita. Impossibile non citare Santiago Calatrava e la sua spettacolare *Ciudad de las artes y las Ciencias* di Valencia: metallo, cristallo, acqua e cemento per un complesso stupefacente, fatto come lo scheletro di un dinosauro nel *Museu de les Ciènces Principe Felipe*, una grande tolda sostenuta da una colossale vetrata trasparente per 42.000 mq di superficie. Come una balena bianca nel *Campus party* dedicato all'informatica. Come un enorme occhio la cui pupilla è la cupola semisferica per la sala proiezioni nell'*Hemisfèric*. Sede di un cinema Imax e di un Planetario, l'*Hemisfèric* si apre su un laghetto di 24.000 metri quadrati di superficie.

La domanda a questo punto è d'obbligo. Perché? Per quale ragione i grandi architetti sono sempre più spesso alle prese con la progettazione di musei della scienza? Forse la ragione sta nell'essenza stessa del loro lavoro. Per l'architetto, figura sempre in bilico tra tecnica spinta e umanesimo puro, progettare i luoghi contenitori della cultura, costituisce probabilmente la massima sfida. E il fatto che si tratti dei musei della scienza e della tecnologia, luoghi di conservazione ma, soprattutto, contenitori di idee, di innovazione, di progresso, di futuro, non può che rendere il tutto ancora più attraente. Con la possibilità, oltretutto, di caricare gli edifici di simbolismi che, forse, rappresentano lo sguardo degli stessi progettisti sulla scienza e sul fare scienza. Ecco l'occhio per indagare, vedere, curiosare di Calatrava; l'anello senza inizio e senza fine, che è poi il destino della ricerca scientifica, per *OMA* ad Amburgo; un vascello che risale alla superficie, svelandosi, come le idee e le scoperte per Piano ad Amsterdam. La grande balena metallo, potente, paurosa e fragile, per Thomas Klumpp a Brema, con l'*Universum Science Centre*.

Ribaltiamo ora il punto di vista. Perché i luoghi della scienza si affidano ai grandi nomi per palazzi così? Per questo fenomeno, ovviamente, ci sono più letture possibili: oltre a riprodurre forme proprie dell'immaginario scientifico, emerge l'importanza dell'elemento estetico nel coinvolgimento del pubblico. Del resto, se l'estetica e l'arte già da tempo hanno fatto il loro ingresso nei musei della scienza, non dovrebbe sorprendere troppo che dopo il contenuto venisse alla ribalta il contenitore. Che, dopo che si è lavorato su come il museo si propone al suo interno, toccasse al suo esterno rifarsi il trucco. Per *Heureka*, museo della scienza di Vantaa nei pressi di Helsinki, si è arrivati alle visite a pagamento dedicate all'architettura del palazzo. Si racconta, addirittura, che in fase di costruzione il pubblico che si assiepava a osservare il cantiere in azione fosse così numeroso da creare dei discreti problemi alla coppia di architetti che l'avevano progettato: Mikko Heikkinen e Markku Komonen. Che poi, a leggere la loro storia, dovevano essere infastiditi, sì, da tanto clamore, ma non più di tanto. Dopo dieci anni di concorsi architettonici fatti e zero commissioni accaparrate, quando, nel 1985, decisero di sottomettere la loro proposta per il nuovo science centre, i due stavano già pensando che, fallita anche quella opportunità, nella vita si sarebbero dedicati a qualcos'altro. Invece, come nei migliori *happy end*, vinsero la gara e, in seguito, un sacco di premi importanti.

Sbaglieremmo, però, se considerassimo questo fenomeno come un semplice frutto del nostro tempo, in cui l'estetica e l'apparenza la fanno da padrone. Non è proprio così. L'edificio, con la struttura esterna e interna, oggi ha un ruolo comunicativo. Così era anche in passato: la grandiosità dei musei scientifici non è certo una questione di oggi. Paola Rodari e Matteo Merzagora che ritroviamo qui, nel loro *La scienza nei musei*, così descrivono il *Natural History Museum* di Londra:

> È una splendida cattedrale neo-gotica. Entrando nell'atrio [...] i suoni dei nostri passi, e i passi e le voci degli altri visitatori riecheggiano nelle volte altissime, da cui proviene la stessa luce dorata che siamo soliti trovare nelle chiese; al centro della navata incontriamo i primi grandi scheletri di dinosauro.

Anche qui l'intento comunicativo giunge forte e chiaro con un museo-tempio, che induce "un sentimento di sospensione, meraviglia e ammirazione sui suoi contenuti e sui mecenati che lo hanno voluto". Nelle intenzioni dei suoi progettisti, le parole *friendly* o *hands-on* non dovevano essere in cima alla lista dei termini da associare alla scienza. Ma la comunicazione è certamente efficace. Nei musei del Settecento e dell'Ottocento il modello da inseguire sembra essere stato il palazzo nobiliare o, addirittura, reale che

> induce nel visitatore un sentimento di meraviglia, di sospensione e ammirazione, che si riflette sugli oggetti contenuti nel museo come sui mecenati che li hanno voluti

scrivono Paola e Matteo. I palazzi di oggi, in qualche modo, tendono a riprodurre lo stesso stupore. Perché se è vero che "il museo parla anche attraverso l'edificio che lo ospita", anche i nuovi edifici

> teletrasportano i visitatori in una dimensione sovra quotidiana, essendo al tempo stesso un monumento alla grandezza e alla lungimiranza degli sponsor che ne hanno permesso la costruzione.

Con un museo che diventa un'istituzione "quasi-sacrale, sovrastorica, lontana da particolarismi, menzogne e bassezze, quindi autorevole e neutrale". Che, a volte, è il caso di *Città della Scienza*, per esempio, quando si pone anche come un struttura simbolo, un luogo di cambiamento e di rinascita, un robusto seme piantato in un terreno arido e, apparentemente, inospitale. Che fa propri i resti (architettonici) del passato per riportarli a nuova vita e a nuova bellezza.

Nondimeno queste operazioni, in alcuni casi, fanno storcere il naso ai puristi. Esiste il rischio che il contenitore conti più del contenuto, che dentro la grandiosità delle opere architettoniche si nasconda la delusione. Che, una volta superata la soglia del *packaging*, l'edificio non presenti le caratteristiche più adatte per gli scopi per cui è destinato. Del resto, nelle opere più recenti capita spesso di leggere delle meraviglie architettoniche della nuova costruzione. Mentre ciò che verrà ospitato al suo interno viene spiegato solo in seconda battuta, con meno chiarezza.

Qua e là, insomma, sorgono dei dubbi sulle reali motivazioni che spingono molti musei ad affidarsi alle mani di importanti architetti con operazioni che puntano decisamente sull'immagine. Architetti che, del resto, svolgono al meglio il compito che viene loro richiesto. Ovvero ideare edifici nuovi, originali, sorprendenti, eccezionali, avveniristici. E, per questo, assolutamente riconoscibili e identificabili. La preoccupazione, insomma, è che le ragioni della

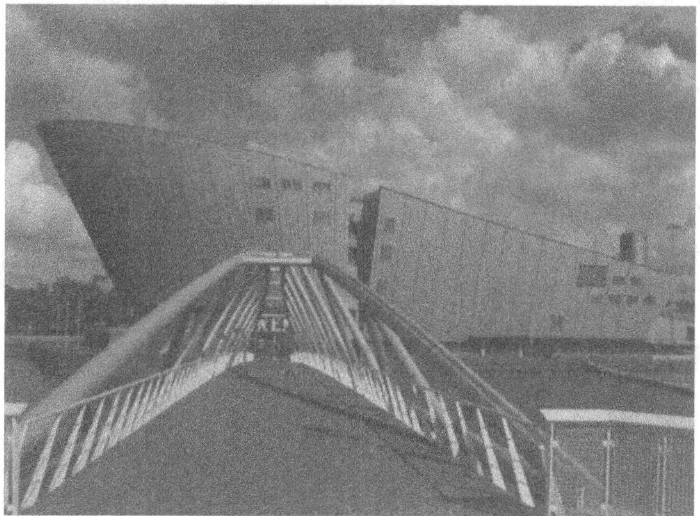

Il *Nemo Science Centre* di Amsterdam progettato da Renzo Piano

scienza, della divulgazione e dell'educazione, debbano piegarsi a quelle del marketing territoriale, grazie a edifici che perdono per strada le ragioni prime per cui sono stati costruiti e divengono luoghi di attrazione per la loro stessa struttura. Del resto, non sarebbe nemmeno una novità. Per i musei d'arte, è un po' quello che è già accaduto con la titanica impresa di Frank Gehry per il *Guggenheim Museum*, strabiliante costruzione più famosa di ciò che ospita al suo interno. Che rimane, fra l'altro, un'operazione spettacolare e lungimirante che ha letteralmente rivoluzionato l'immagine e l'economia di Bilbao (Ramani 2008).

Sia chiaro, però. Un museo-immagine, che caratterizzi un luogo della città, un luogo di scienza che diventi anche un punto di riferimento architettonico e, persino, una tappa da segnalare sulle guide per turisti, come avviene, per esempio, con *Nemo* di Renzo Piano, non è certo un fatto negativo. Tutt'altro. È importante, però, che l'edificio non basti a sé stesso, che la sua portata immaginifica non si esaurisca nell'aspetto. Ma che, invece, la sua grandiosità e la sua magnificenza, possano risaltare come una sorta di pifferaio magico, una fantastica struttura da raggiungere e scoprire, che possa attrarre i visitatori con la sua mirabolante estetica, invitandoli così a esplorare la sua pancia e, una volta entrati, a stupirsi, di nuovo.

Arrivederci dalla terra di mezzo

Siamo giunti alla fine del nostro viaggio. Per riprendere il gioco della tavola che ci ha accompagnato all'inizio del libro, è arrivato il momento del caffè.

Se questo fosse uno scritto fatto per l'Accademia, e se noi fossimo persone veramente serie, questo sarebbe il posto delle conclusioni. Parola grossa, ne converrete. Che ci mette addosso un sacco di responsabilità. Sarà una mai diagnosticata sindrome di Peter Pan, sarà che le conclusioni non ci piacciono e, forse, non sono nemmeno importanti, sarà che abbiamo fatto nostra la filosofia di cui abbiamo raccontato in questo libro e ci piace pensare che coloro che hanno avuto la compiacenza di arrivare fino a qui, abbiano fatto la loro personale esperienza con le sue pagine e raccolto da soli i loro personali pensieri. Sia come sia, quel che cercheremo di metter giù da qui in poi sarà qualche pensiero sparso per riassumere, in breve, ciò di cui abbiamo parlato.

Abbiamo provato a ricostruire come, nella ricerca artistica e nella comunicazione scientifica, nel corso del Novecento siano maturate istanze comuni. E di come, anche su questa base, Scienziato e Artista si siano trovati a sedersi l'uno di fronte all'altro, attorno a un tavolo. Del resto, due protagonisti che, per loro stessa natura, per vocazione e per mestiere, guardano alle cose del reale e si interrogano sulla complessità del nostro mondo, non potevano continuare a snobbarsi per molto tempo ancora. Abbiamo cercato di esplorare anche il terreno in cui di preferenza sono venuti l'uno incontro all'altro: quello del science centre. Non è un caso che si siano incontrati qui. La sperimentazione artistica, il mondo della scienza, la museologia scientifica si trovano tutti davanti a un nuovo compito: far partecipare e conoscere al pubblico, il terzo invitato al desco, quello a cui tutti volenti o nolenti oggi si rivolgono, quanto avviene attorno a noi. La novità è, che, da non molto tempo a questa parte, queste tre entità stanno in taluni casi l'una di fianco all'altra in questo processo. Non che le forme di comunicazione che uniscono arte e scienza siano l'unico strumento per fare comunicazione scientifica. Certo è, però, che in alcuni momenti, in alcuni ambiti, con l'utilizzo di precisi strumenti, nel tempo, si è assistito a una comunione di richieste, di luoghi, di forme.

Tra i luoghi prediletti, sebbene non gli unici, ci sono per l'appunto i science centre che vedono sempre più rafforzato il loro ruolo e la loro identità di nuovo punto d'incontro e d'interazione fra persone, professionalità, culture. Uno spazio che si apre intellettualmente e fisicamente alla società, con un museo che diventa, anche, un territorio di passaggio, incontro, chiacchiere, aperitivi, letture, svago. Il nuovo *Muse* di Trento, per citare un esempio italiano, nella sua organizzazione degli spazi, accessibili in alcune parti senza biglietto, con un parco, un bar, spazi per piccole mostre, va proprio in questa direzione. Museo che è anche luogo in cui si fa educazione scientifica, si raccolgono saperi, si sviluppano competenze, si fa impresa, come a *Città della scienza* a Napoli con il suo BIC, incubatore d'imprese, e con il filone dei progetti europei dedicati a scienza e società o, per meglio dire, "scienza in società" che vede ormai un *portfolio* di iniziative ricco e interessante.

Gli ambiti d'indagine sono i più vari: artista e scienziato collaborano, si scontrano, si interrogano sui temi i più diversi, dalle basi del nostro sapere a quelli di scottante attualità, che riempiono i giornali, interessano l'opinione pubblica, fanno sorgere gli interrogativi più importanti sul nostro futuro: dalla fisica classica alle biotecnologie, dalla genetica alla sostenibilità ambientale, alla vita e intelligenza artificiale, alla robotica, alle nanotecnologie. Da esplorare nella loro complessità grazie all'interattività, intesa soprattutto nella sua accezione più matura, ovvero con la partecipazione e con la creazione di relazioni fra le persone da stabilire grazie all'uso di congegni chiamati *exhibit*, per mezzo di attività esperienziali, teatro, performance, incontri e dibattiti, ma anche attraverso il semplice oggetto, quadro e scultura o installazione che sia, come al *Science Museum* di Londra, da osservare solamente, per un'esperienza emozionale che ha tempi e modi diversi, ma non minor intensità.

Già, perché, in questo processo, le emozioni sono le protagoniste e lo strumento principale per stabilire un dialogo con la società. L'arte offre la possibilità di esplorare nuovi territori, fornire nuove interpretazioni del reale che possono aiutare l'apprendimento e la comprensione dei fenomeni scientifici, il coinvolgimento degli spettatori, la comunicazione della complessità di ciò che ci circonda, facendosi interprete delle inquietudini del sistema contemporaneo. Può soprattutto aiutarci a fermarci, a riflettere, a sviluppare un pensiero critico, a reagire a un'accelerazione che contraddistingue ormai il nostro agire, la nostra quotidianità, con una modalità di fruizione delle informazioni sempre più frammentata e ipertestuale.

In fondo, nella produzione contemporanea dell'arte interattiva si legge proprio il tentativo di orientarsi attraverso la consapevole tendenza a perdere l'orientamento stesso e a confrontarsi con il caos. La ricerca di una certezza razionale sembra essere stata sostituita dall'aspirazione a un'incertezza più consapevole (Rosa 1999).

Il science centre, che si pone oggi con un ruolo assai moderno e *cool*, attore sempre più protagonista nei cambiamenti sociali, che riesce a veicolare al suo interno una moltitudine di figure e competenze, che fa da catalizzatore a iniziative culturali di ogni tipo, che ne favoriscono la collaborazione, non poteva rimanere indifferente a queste potenzialità. Ognuna delle realtà che abbiamo preso in considerazione, dall'*Exploratorium* all'*Ontario Science Centre* a *Città della Scienza*, ha adottato particolari strategie per l'inserimento dell'arte nel percorso espositivo. E per la collaborazione tra scienziato e artista per un fine comune. Abbiamo citato l'esempio del *CosmoCaixa* con *Insoutenable légèreté du cube* prodotto dall'unione della conoscenza fornita dallo scienziato con l'estro artistico. O le immagini di Felice Frankel, note ormai in tutto il mondo. La Frankel, lo ribadiamo, in realtà non si considera un'artista. Il che, in qualche modo, rende il tutto ancora più affascinante. Una figura che non appartiene strettamente al mondo della scienza, né a quello dell'arte, ma che da entrambi ricava qualcosa: le conoscenze, gli attrezzi del mestiere, la fascinazione e la ricerca estetica. La sua esperienza così come quella di Krähenbühl con il fisico Rolf Gotthardt per l'*Insoutenable,* sono solo due esempi di stretta collaborazione tra due mondi. Collaborazione che, a volte, non è nemmeno necessaria all'artista, che si è già appropriato da tempo degli strumenti della scienza, disegnando nuovi animali, nuove piante, nuove creature. Per sconvolgere, sorprendere e far riflettere. *Cape Farewell*, tanto per fare l'esempio di una delle esperienze recenti più suggestive, porta scienziati, artisti ed educatori in spericolate spedizioni a bordo di una barca di cento anni fino al Polo Nord, "il selvaggio, meraviglioso, freddissimo Artico, un luogo per l'ispirazione artistica e le indagini scientifiche".

A questo punto, però, mettiamo lo stop alle nuove informazioni perché il pasto (informativo) è stato impegnativo. Del resto la voglia di dire tutto era tanta e, in effetti, tanto c'era da dire. A malincuore abbiamo dovuto tralasciare molti altri esempi. Quelli, numerosi, riguardanti la realtà statunitense, ma anche quello dell'inglese *At-Bristol* con i suoi spazi all'aperto dedicati all'arte o il  *Technorama* di Winterthur, in Svizzera. In altri casi ci siamo fermati sull'uscio del museo, guardando solo alla sua architettura, anche se di arte ce n'era stata o ce n'è tuttora anche all'interno. Così è stato con *Il giardino delle anime* realizzato *ad hoc* da *Studio Azzurro* nel 1997 per l'allora *New Metropolis* - oggi *Nemo* ad Amsterdam. O con i quaranta exhibit disegnati da artisti del *Phaeno Science Centre*, realizzati sotto l'attenta regia di Joe Ansel,  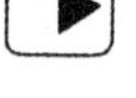 già approdato all'*Exploratorium* di San Francisco nel 1972.

Una certa confusione, lo ripetiamo, in qualche modo era programmatica. Per far da specchio ideale alla grande eccitazione che esiste, a cui i grandi musei e le grandi manifestazioni sono tutt'altro che insensibili. Dove porterà questo fenomeno, cosa succederà da qui in avanti, non possiamo dirlo. L'interesse per questa terra di mezzo ha subito alti e bassi, momenti di grande fortuna e altri in cui alle migliori intenzioni, alla consapevolezza dell'importanza comunicativa di un approccio che mettesse insieme due mondi apparentemente così diversi, non sono sempre seguiti risultati all'altezza delle premesse. Ricordate il dossier *A vision of art at the Exploratorium. A plan for programs, research, and the creation of new work, 2007-2012* a cui abbiamo fatto accenno nelle ultime righe dedicate all'*Exploratorium*? In un certo senso quel documento mette a fuoco alcuni punti nodali necessari per costruire un'azione artistica organica, non solo per il museo californiano, ma per tutte le esperienze incontrate nel nostro viaggio. Per raggiungere questo obiettivo nel museo è necessario definire a monte una visione dell'arte, anche complessa, ma in un qualche modo strutturata, che potrà poi essere coniugata a diversi livelli secondo le esigenze del museo stesso. Con queste premesse e su queste basi sarà possibile comunicare meglio il valore e l'importanza che l'arte assume in quel museo, ottimizzando gli investimenti e non vanificando gli sforzi in mille attività che possono non essere recepite al meglio dal pubblico. Escludendo anche il rischio di ridurre l'arte a un ingrediente di moda, un elemento che c'è, è presente, fa fico. Ma non mette e non toglie nulla.

È, questo, certamente un brutto rischio, perché, e qui tocchiamo un tasto dolente evitato finora, è evidente che l'arte ha un costo non indifferente. Dal momento che il museo che decide di far suo il connubio arte e scienza fa, su questo tema, un costoso investimento, vale la pena perciò che vi siano alle spalle degli obiettivi chiari da raggiungere grazie ai contributi artistici.

È importante quindi che ciascun museo sostenga un programma artistico anche a lungo termine, che garantisca una continuità e una sua possibilità di lettura, individuando all'interno del science centre delle competenze e delle figure professionali che ne seguano gli sviluppi. In molti casi, come l'*Exploratorium*, il *Science Museum*, la *Cité des Sciences*, questo già avviene. Gli amici con cui abbiamo dialogato per scrivere questo libro, Peter Richards, Hannah Redler e Emma Abadì, artista il primo, di formazione storico-artistica le altre due, con titoli e definizioni diverse per ciascuna istituzione hanno avuto o hanno tuttora l'incarico di sviluppare e coordinare l'attività artistica di questi tre science centre. Un'attività che, per raggiungere dei risultati di qualità, deve liberarsi dei panni stracciati della Cenerentola e acquisire invece una sua forte *leadership*. Magari anche grazie a qualche attività di valutazione in più, giusto per capire meglio come il pubblico vive questa nuova avventura intrapresa dalla museologia scientifica. Avventura che, riflessioni e buoni consigli a parte, in realtà, sta andando avanti a tutta birra. Lo testimoniano i nostri tre, lo Scienziato, l'Artista, il Pubblico, che abbiamo perduto di vista da un po'. Volendo chiedergli un'opinione in proposito rischieremmo di essere bellamente ignorati, tutti intenti come sono, tra i resti del ricco pasto – briciole di pane, schizzi di sugo e di vino, bucce di frutta – a discutere, infervorarsi, provocarsi, farsi domande, gesticolare, sorprendersi, informarsi, emozionarsi. Pare proprio che il ghiaccio sia rotto, che sia nata, se non propriamente una simpatia, un'attenzione, una curiosità reciproca. Curiosità che, come detto, ci auguriamo di aver acceso anche in voi. D'ora in poi, tenete d'occhio tutto ciò che in questo ambito sta accadendo. Perché l'arte può essere una sorta di antenna, di cartina al tornasole, di occhio indiscreto su ciò che nella scienza e nella società sta accadendo. I nostri ospiti che seduti al tavolo parlano ancora fitto fitto dimostrano che l'interesse è più vivo che mai e che molto si può ancora fare. Raccoglieremo le loro opinioni, le loro voci, più avanti, forse, in un futuro che ci auguriamo prossimo, in un altro luogo, su altre pagine. È l'ora per noi, e per voi, di gustare l'ammazzacaffè: un amaro, un limoncello, una grappina, scegliete voi ciò che più vi aggrada. "Libiam nei lieti calici, che la bellezza infiora", dunque, perché dalla terra di mezzo è davvero tutto, più o meno. Salute!

Bibliografia

Abadi Emma (1999) *Des Usages de l'art dans l'exposition scientifique. L'experience de la Cité des Sciences et de l'Industrie*, DESS Conception et Réalisation d'Expositions, Università Paris XIII, Parigi

Abadi Emma (a cura di) (2000) *La Serre, Jardin du Futur*, Catalogo della mostra, Ed. Caracterère, Aurillac, p. 3

Baroni Vittorio (1997) *Arte Postale, Guida al network della corrispondenza creativa*, Bertiolo, Udine

Benjamin Walter (1991) *L'opera d'arte all'epoca della sua riproducibilità tecnica*, Piccola Biblioteca Einaudi, Torino, p. 39

Bordini Silvia (1995) *Videoarte e arte. Tracce per una storia*, Lithos, Roma, p. 32

Calvesi Maurizio (1993) Duchamp, *Art & Dossier* 78, Giunti, Firenze

Carboni Massimo (1990) Intervista a Germano Celant, in: *Roma anni '60. Al di là della pittura*, cat. della mostra (Roma, Palazzo delle Esposizioni, 1991), Ed. Carte Segrete, Roma p. 326

Carrieri Raffaele (1949) Fontana ha toccato la luna, *Tempo* 8, Milano

Commissione Europea (2003) Research DG, Study IFOK Interim Report, *Governance of the European Research Area "The Role of Civil Society"*, maggio, Bruxelles, p. 32, p. 64

Amodio Luigi (2003) Scienza, tecnologia e società in europa: una rete per i science centre, *JCOM* 3(1), Sissa, Trieste

Dorfles Gillo (1993) *Ultime tendenze nell'arte d'oggi. Dall'Informale al Postmoderno*, Feltrinelli, Milano

Duguet Anne Marie (1993) *Dispositivi*, in: A. Amaducci, P. Godetti (a cura di), Video imago, *Il Nuovo Spettatore* 15, Franco Angeli, Milano, p. 187

Eco Umberto (1976) *Opera aperta. Forma e indeterminazione nelle poetiche contemporanee*, Bompiani, Milano, (Introduzione alla II edizione, 1967), p. 16

Fadda Simonetta (1999) *Definizione zero*, Costa & Nolan, Milano, p. 42, p. 69

Frankel Felice (2005) *Sguardi sulla scienza*, Olivares, Milano

Greco Pietro (2006) *La Città della Scienza. Storia di un sogno a Bagnoli*, Bollati Boringhieri, Torino

Gregory Richard (with contributions by Francis Evans and James Dalgetty) (1986) *Hands-on Science: An Introduction to the Bristol Exploratory*, Duckworth

Gregory Richard (1987) Origins of the Bristol Exploratory, in: Pizzey Steven (a cura di) *Interactive Science and Technology Centres*, Science Projects Publishing, Londra, pp. 128-149

Gregory Richard (1988) First-Hand Science: the Exploratory in Bristol, *Sci. publ. Affairs* 3, 13-24

Gregory Richard (1990) Bacon's New Atlantis *Leonardo* 23, 4, pp. 431-435

Gregory Richard (1993) Exploring Science Hands-on *Sci. publ. Affairs*

Gregory Richard (1997) Science Through Play, in: Levison R., Thomas J. (a cura di) *Science Today: Problem or Crisis*, cap. 14

Gregory Richard, Shaking Hands with the Universe: Hands-on Science Centres, *Journal of Museum Management and Curatorship* (in preparazione)

Hauser Jens (2007) Art Biotech, Clueb, Bologna

Heath Christian, vom Lehn Dirk, Osborne Jonathan (2005) Interaction and interactives: collaboration and participation with computer-based exhibits, *Public Understand. Sci.* 14, pp. 91-101

Hein Hilde (1990) The Mutual Enrichment of Art and Science, in Hein Hilde, *The Exploratorium as Laboratory*, Smithsonian Institution, pp. 147-170

Klages Ellen (1994) *A Curious Alliance: The Role of Art in a Science Museum*, The Exploratorium

Lauro Claudia, Muscio Giuseppe, Visentini Paola (a cura di) (2007) *La scimmia nuda. Storia naturale dell'umanità*, catalogo della mostra *La scimmia nuda. Storia naturale dell'umanità*

Mattei Maria Grazia (2001) *Package. Storia, costume, industria, funzioni e futuro dell'imballaggio*, Lupetti Editori di Comunicazione, catalogo della mostra, Milano

Mussa Italo (1976) *Il gruppo N. La situazione dei gruppi in Europa negli anni 60*, Bulzoni, Roma, p. 12

Oppenheimer Frank (1979) Aesthe hetics and the Right Answer, *The Humanist*, marzo/aprile

Ramani Donato (2008) Modern temples for science matters, *L'uomo Vogue* aprile

Ramani Donato, De Colle Matteo (2008a) E-waste: where do our mobile go?, *L'uomo Vogue* luglio/agosto

Ramani Donato (2008b) The creative fight vs global warming, *L'uomo Vogue* luglio/agosto

Richards Peter (2002) The Greater Good: Why We Need Artists in Science Museums, *ASTC Dimensions* luglio/agosto

Rodari Paola, Merzagora Matteo (2007) *La scienza in mostra - Musei, science centre e comunicazione*, Bruno Mondadori, Milano

Rosa Paolo (1999) Punto e caos, in: Cirifino Fabio, Rosa Paolo, Roveda Stefano, Sangiorgi Leonardo, *Studio Azzurro: Ambienti sensibili. Esperienza tra interattività e narrazione*, Electa, Milano. Il testo è anche pubblicato in: Salvatori Gaia, Drioli Alessandra (a cura di) (2004), *Paradossi. Schegge di arte elettronica e interattiva*, Seconda Università degli Studi Napoli, Santa Maria Capua Vetere

Schlaf &Traum (2007) catalogo della mostra, Böhlau Verlag, Dresda

Speroni Franco (1995) *Sotto il nostro sguardo*, Costa & Nolan, Genova, p. 79

Vassallo Silvana, Di Brino Andreina (2003) *Arte tra azione e contemplazione, L'interattività nelle ricerche artistiche*, Edizioni ETS, Pisa

Vergine Lea (1996) *L'arte in trincea, Lessico delle tendenze artistiche 1960-1990*, Skira, Milano, pp. 39-46.

Wagensberg Jorge (2005) *The Total Museum. A Tool for social change.* Provocative Paper, 4° Science Centre World Congress, 10-14 Aprile, Rio de Janeiro

Wagensberg Jorge (2000) Basic principles of modern scientific museology, in Food for thought and discussion, *ECSITE newsletter* 3, p. 8

i blu - l'occhio e la lente

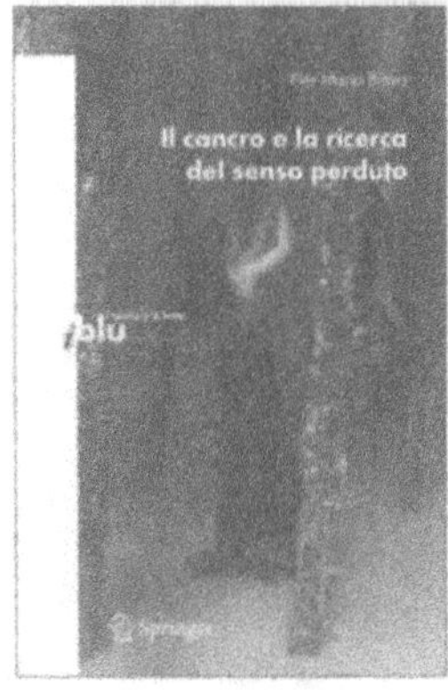

Il cancro e la ricerca del senso perduto

Pier Mario Biava

2008, XIV, 122 pagg., Brossura
ISBN: 978-88-470-1073-4

La malattia tumorale può essere avvicinata con l'obiettivo di uccidere le cellule malate oppure con quello di far fare loro a ritroso la strada che porta da uno stato di equilibrio naturale alla malattia. Questo libro racconta una ricerca originale dell'autore ispirata a questa visione biologica del cancro, ricerca che ha portato alla produzione e all'utilizzo di prodotti antitumorali. Inevitabilmente, la storia della ricerca scivola in una visione del mondo e della vita che presenta i tratti di una documentata critica ai valori e alle priorità che caratterizzano il mondo in cui viviamo.

Un libro profondo e umano che fa pensare, che fa sperare.

GPSR Compliance
The European Union's (EU) General Product Safety Regulation (GPSR) is a set
of rules that requires consumer products to be safe and our obligations to
ensure this.

If you have any concerns about our products, you can contact us on

ProductSafety@springernature.com

In case Publisher is established outside the EU, the EU authorized
representative is:

Springer Nature Customer Service Center GmbH
Europaplatz 3
69115 Heidelberg, Germany